春潮NOV+

回到分歧的路口

无痛自律

八种拖延类型，对症下药变高效

「やらなきゃいけないのになんにも終わらなかった……」がなくなる本

［日］菅原洋平 著　靳园元 译

中信出版集团｜北京

图书在版编目（CIP）数据

无痛自律：八种拖延类型，对症下药变高效 / (日)
菅原洋平著；靳园元译. -- 北京：中信出版社，
2022.11

ISBN 978-7-5217-4576-4

Ⅰ. ①无… Ⅱ. ①菅… ②靳… Ⅲ. ①成功心理—通俗读物 Ⅳ. ①B848.4-49

中国版本图书馆CIP数据核字(2022)第128417号

"YARANAKYA IKENAINONI NAN'NIMO OWARANAKATTA…" GA NAKUNARU HON
by Yohei Sugawara
Copyright © 2021 Yohei Sugawara Original Japanese edition published by WAVE PUBLISHERS CO., LTD.
All rights reserved
Chinese (in simplified character only) translation copyright © 2022 by CITIC Press Corporation
Chinese (in simplified character only) translation rights arranged with WAVE PUBLISHERS CO., LTD.through
Bardon-Chinese Media Agency, Taipei.

无痛自律——八种拖延类型，对症下药变高效

著　　者：[日] 菅原洋平
译　　者：靳园元
出版发行：中信出版集团股份有限公司
　　　　　（北京市朝阳区惠新东街甲4号富盛大厦2座　邮编　100029）
承　印　者：捷鹰印刷（天津）有限公司

开　　本：787mm×1092mm　1/32　　印　张：5　　字　数：60千字
版　　次：2022年11月第1版　　　　印　次：2022年11月第1次印刷
京权图字：01-2022-4120
书　　号：ISBN 978-7-5217-4576-4
定　　价：49.80元

版权所有·侵权必究
如有印刷、装订问题，本公司负责调换。
服务热线：400-600-8099
投稿邮箱：author@citicpub.com

前言

拖延型大脑自测表 001

类型① 教条型 005
类型② 跑题型 006
类型③ 按部就班型 008
类型④ 好逞英雄型 010
类型⑤ 偷懒型 012
类型⑥ 单一任务型 014
类型⑦ 求表扬型 016
类型⑧ 嗜睡型 018
...... 020

CONTENTS · 目录

序 章 「所有类型通用」预防拖延的基本实验 025

第一章 「教条型」解决策略 043

第二章 「跑题型」解决策略 055

第三章 「按部就班型」解决策略 067

第四章 「好逞英雄型」解决策略 081

第五章 「偷懒型」解决策略 095

第六章 「单一任务型」解决策略 107

第七章 「求表扬型」解决策略 119

第八章 「嗜睡型」解决策略 131

写在最后 145

前言

这也得做……那也得弄……糟糕!一直拖着没做的事眼看就要到截止日了!那手头的这个,还有那个,就先放一放……

呼,好歹算是没误事,这次也够惊险的。

总是这样,该做的事一再拖延,迫在眉睫才行动,这是不是不太好呢?

答案是:当然不好。

因为拖延会给大脑带来痛苦。

研究表明,当我们惦记着那些令人讨厌的待办工作时,大脑中掌控疼痛的区域就会变得活跃;而当我们着手处理这些工作时,掌控疼痛的区域则会变得不那么活跃。

如果你——

多次试图改正拖延的毛病。

↓

然而每每受挫，因为总是拖延而充满了罪恶感。

↓

只好得出结论：自己就是习惯拖延的人。

↓

干脆承认：我就是那种不到最后一刻绝不动手的人。

那么，这样的思路会将你引入"拖延是性格原因"的歧途。

可能也有人认为："我虽然拖延，不过总能踩着线完成任务，所以不是什么大问题。"但如果大脑因此产生了疼痛感，就另当别论了。不要继续给自己的大脑制造痛苦了！

我是一名职业治疗师，专门负责帮人复健。我会通过医学方法，帮助因生病或意外事故导致大脑某一部分受到损伤的人找回丧失的能力，或者帮助他们掌握其他可以替代的方法。

目前，我的主要工作是帮助健康的人充分发挥自己的能力，过上满意的生活。我除了在东京的一家诊所担任门诊大夫，还会帮助上班族解决各种各样的烦恼、提高企业员工的生产效率、开展各种防范类培训活动。

每次到企业做培训时,我都会听到前来参加活动的人这样说:

"我是那种不到最后一刻绝不会动手去做的人……"

"是我自己意志力有问题,开始工作之前要酝酿好长时间……"

"我是天生的拖延症……"

很多人一张口就是这些话。

"脑子里有很多该做的事,无形的重担压得我喘不过气来。"

"总是觉得压力很大,经常因为突然出现的不安情绪而备受煎熬。"

"压力过大、想得太多,导致我腰酸背痛,越发不想动弹。"

上面这些都是在拖延症相关咨询中老生常谈的问题,拖延症让大脑的痛感中枢"着了火",因而产生了窒息和肌肉僵硬等症状。

多年以来,我致力于纠正人们的拖延行为。想要战胜拖延症,最重要的并不是勇于挑战、摆脱过去的自己,而是不断尝试一个个"小实验"。想拖延的不是我们自己,而是大脑,因此,要想改变大脑指令之下的拖延行为,就必须先改变指令发出的路径。

一起来试试下面这个小实验:

先在心中默想一件必须完成却还没开始做的工作,在开口说"我应该做……"之前,把右手举起来。

仅此而已。怎么样,你认为自己能做到吗?

这样做可以把自己的行为路径从"口头说说"转变为"实际行动"。不断积累这种微小的改变，就可以最终实现行为习惯的转变。外界刺激会引起大脑神经回路的路径变化，而像我这样从事复健的专业人士，会专门提供帮助，使大家可以应对这些变化。

任何人都可能有拖延行为，拖延症也分很多类型。

本书将拖延症人群的大脑，也就是"拖延型大脑"分为八类，以便读者对号入座，找到自己所属的类型及对应的解决策略，将本书提供的方法应用到现实生活中。

因为拖延，我们常常会在一天过完时感叹："今天什么都没做……"让我们从今天开始改说："**今天我做了……**"为了变成能用这句话来结束一天的人，马上开始实践吧！

我们常常想要解决自己的拖延问题，却又总拖着不去思考拖延的原因。"**可能这都是性格的原因。**"如果这样想，拖延症就永远无法改掉。为什么会这样？我在什么情况下会拖延？试着多这样问问自己，可以更好地了解自己，体会自律的快乐！

拖延型大脑自测表

任何人都可能出现拖延行为，这种行为的背后是"拖延型大脑"，我们是在大脑的指令下开始拖延的。同样是拖延，原因却可能千差万别。本书提供了拖延型大脑自测表，请依据自己平时的状态，在与自己相符的描述前打钩。

勾选的项目越多，说明现在的你，在拖延的泥沼中陷得越深。

类型① 教条型

> 🔍 列出了堆积如山的待办事项,却一个也完不成。

- ☐ 待办的事情总是堆积如山。
- ☐ 害怕忘事,于是将事情一件件写下来,贴在显眼的地方。
- ☐ 仅仅列出待办事项就花了不少时间,列完清单就已经累了。
- ☐ 做事时总是惦记着之后要做的事。
- ☐ 吃饭、洗澡、睡觉都成了麻烦的任务。

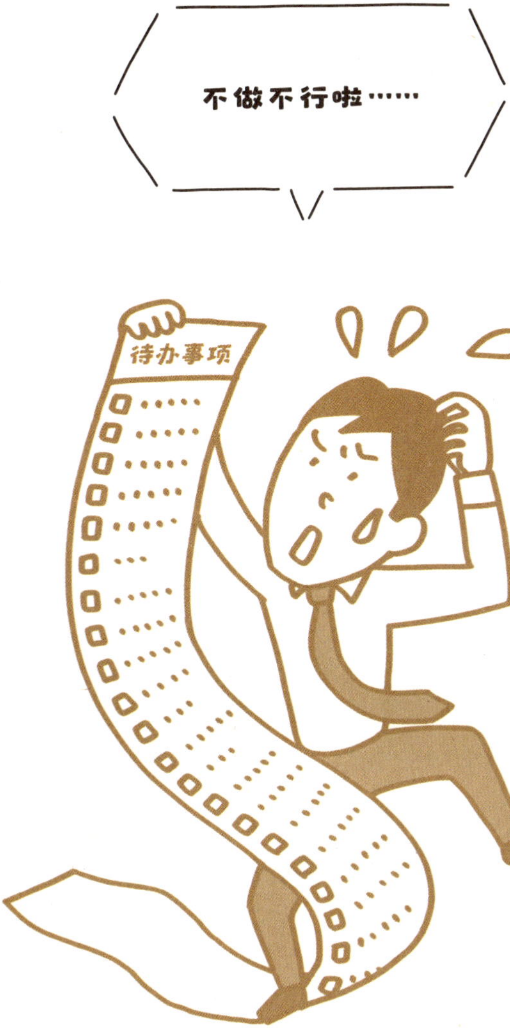

列出了堆积如山的待办事项，却一个也完不成。

类型② 跑题型

> 🔍 一想到什么，就马上放下手头的事，转头去做刚刚想到的。

- ☐ 一想到什么就冲动去做。
- ☐ 一旦开始做新的工作，就会立刻对之前做的事失去兴趣。
- ☐ 尽管制订了计划，依然会临时改变。
- ☐ 难以抵挡社交软件、游戏、漫画等诱惑。
- ☐ 忙的时候筋疲力尽，一得空又觉得百无聊赖。

> 多线开花。

我该干吗了……

类型③ 按部就班型

> 🔍 时间都花在摸索做法上了。

- ☐ 不知道该怎么做，需要得到别人的指示才能行动。
- ☐ 强烈地抵触行动，害怕失败。
- ☐ 容易受他人评价影响。
- ☐ 如果没有足够的时间完成全部任务，就不愿动手。
- ☐ 对计划以外的事感到烦躁。

不知道该怎么做……

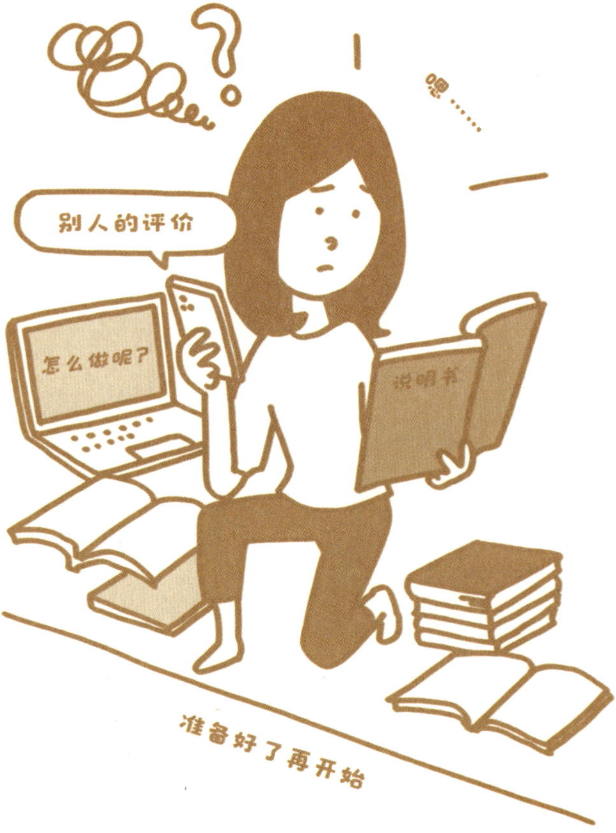

类型④ 好逞英雄型

🔍 | **截止日期迫在眉睫了才开始行动。**

- ☐ 不临近截止日期就提不起干劲儿。
- ☐ 每完成一个阶段的工作后,便觉得"大功告成",迟迟难以展开下一步的工作。
- ☐ 低估完成工作所需要的时间,很难按计划推进。
- ☐ 熬夜加班到很晚,虽然很累,但难以入睡。
- ☐ 对自己能"踩线"完成工作有些小得意。

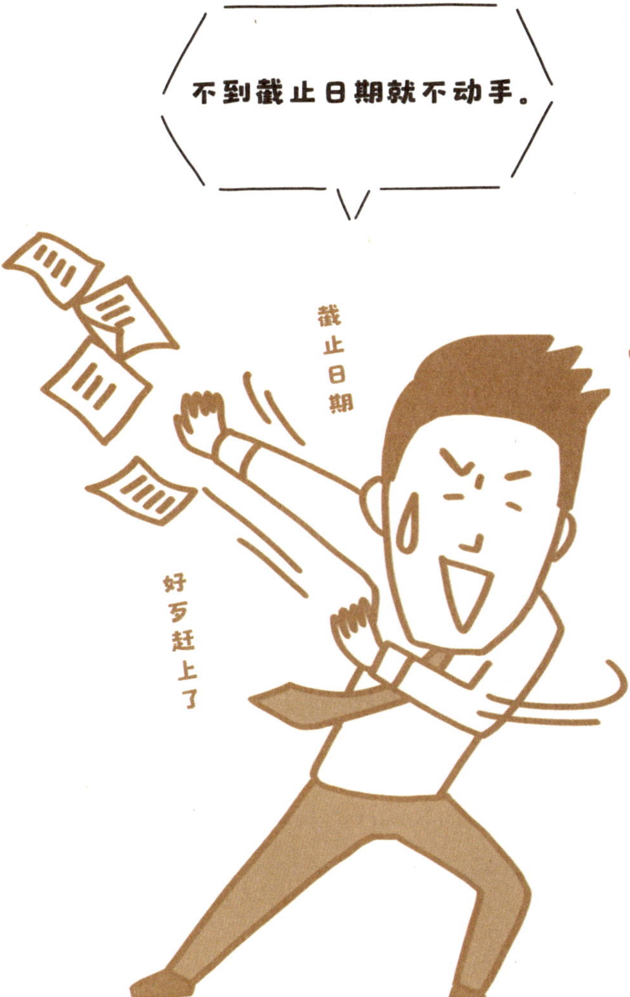
不到截止日期就不动手。
截止日期
嗨哟——
好歹赶上了

类型⑤ 偷懒型

🔍 | 一个人的时候总会做些有的没的。

- ☐ 拖拖拉拉之后,内心充满罪恶感,备受煎熬。
- ☐ 看到别人偷懒会很生气。
- ☐ 不习惯在家工作或者自习。
- ☐ 听到别人说"我也没做完"时会松一口气。
- ☐ 光是看到周围环境很乱都会丧失干劲儿。

周围没有别人就容易偷懒。

在做，在做

类型⑥ 单一任务型

> 🔍 总是先做那些一时半会儿做不完的工作,不知道如何妥善安排工作节奏。

- ☐ 总是先做那些并不需要立刻完成的工作。
- ☐ 一旦开始一项工作,就无法思考其他事情。
- ☐ 不会统筹各项工作,无法同时完成多项工作。
- ☐ 意识不到正在努力的方向有问题,最终徒劳无功。
- ☐ 不会区分事情的轻重缓急。

我正忙这个呢……

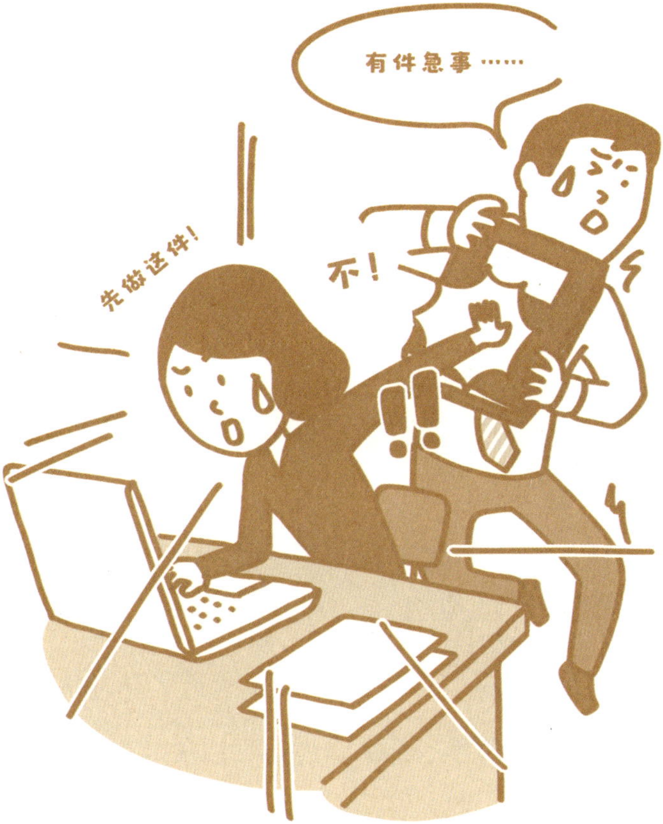

类型⑦ 求表扬型

> 🔍 | 满脑子都是完成工作之后的奖励。

- ☐ 要是没有期待,就提不起干劲儿。
- ☐ 如果没有得到超出预期的奖励,即便完成了工作也会失望。
- ☐ 在思考如何犒劳自己上花费了过多时间。
- ☐ 逃避现实。
- ☐ 对社交软件、酒、游戏等上瘾。

完成工作之后奖励自己
点儿什么好呢？

完成之后……

那么

类型⑧ 嗜睡型

🔍 | **什么都不想做。**

- ☐ 表面上在发呆愣神儿,实际上脑子里一堆事。
- ☐ 在应该集中注意力时发呆、虚度时光。
- ☐ 只想不做,却依然很疲惫。
- ☐ 总是犯困,没有精神。
- ☐ 早起困难户。

> 懒懒的，
> 做什么都嫌麻烦。

啊——
什么都没意思

上述八类拖延状况是由睡眠不足、过度兴奋、任务安排不当等原因导致的，有可能出现在任何人身上。大脑的状态每天都在变化，但只要我们清楚现在的自己属于哪一种"拖延型大脑"，对症下药，就可以根据情况调整状态。

右页的图描述了这八种拖延类型之间的关系。纵轴表示大脑的兴奋程度，位置越靠上大脑的兴奋度越高，反之则兴奋度越低；横轴表示切换行动的速度，位置越靠左切换得越快，反之则越慢。

当我们处于图中★标出的状态时，就能够麻利地完成想做和该做的事，此时大脑的兴奋程度不高也不低，还可以快速顺利地切换行动状态。

下面，我将从图的左上部开始，对这八种"拖延型大脑"逐一进行说明。

如果大脑过度兴奋，不停地切换行为，就属于类型②"跑题型"；如果大脑兴奋程度过低，难以集中精神，总是被其他事情吸引注意力，就是类型⑦"求表扬型"。

大脑过于兴奋，一味胡思乱想，却没有实际行动，这是类型①"教条型"；如果大脑的兴奋程度和行为切换的速度都容易受身边的个人或群体影响，就是类型⑤"偷懒型"；如果平时大脑的兴奋度很低，但临近截止日期时会突然变得极度兴奋，工作结束之后

```
            大脑兴奋程度：高
                  ↑
      ②    ①    ⑥

切换                      切换
速度：   ★    ⑤    ③   速度：
 快    目标在              慢
       这里！

      ⑦    ④    ⑧
                  ↓
            大脑兴奋程度：低
```

又会马上回到原来的消极状态，就属于类型④"好逞英雄型"。

大脑过度兴奋，导致视野变窄，眼里只能看见一件事，分不清轻重缓急，这属于类型⑥"单一任务型"；大脑兴奋度适中，但因为害怕失败而不敢行动，属于类型③"按部就班型"；大脑兴奋度过低，行动切换得很慢，就是类型⑧"嗜睡型"。

为了让大脑完美地发挥效用，保持适度的兴奋最为重要。在此基础上，再根据具体情况调整行为，做起事来就会有效率得多。

本书序章中列出了一些通用型小实验,希望大家都试一试,这些实验可以帮助我们将大脑调整到合适的兴奋状态。

第一章至第八章针对不同的拖延类型,提出了不同的解决策略。大家可以结合自己的拖延类型,对症下药。

序章

"所有类型通用"

预防拖延的基本实验

做小实验，预防拖延

调整行为并不需要高涨饱满的情绪，相反，亢奋的情绪有时还会成为阻碍。高喊"从今天开始，我要改掉拖延症"的做法并不可取，打鸡血一般的鼓劲加油只会起反作用。

关于"做实验"，其实无所谓成功或失败，不过是为了得到一个"结果"，然后基于得到的结果，再进行下一个实验。只要重复这个过程，就可以改善行为。

行为习惯是由神经系统的活动模式塑造的。有观点认为，人的大脑呈现为极其复杂的网状结构，但其实影响它发挥作用的规则却并不是很多。

行为基于过去的记忆和现在的感觉。"现在的感觉"是指通过身体运动得到的数据，新的行为就是在此基础上产生的。

举个例子，我们处理邮件时会面对很多选择：收到之后马上处理，在固定的时间处理，根据对方的要求决定在什么时候、以什么方式处理邮件中交代的事情。如果每次都采取不同的行动，会产生新数据，大脑的负担就会很重。所以，为了减轻大脑负担，我们的行为会出现模式化。

这种模式化的行为就是习惯。当然，我们也会形成坏习惯。比如按上面的例子来说，对收到的邮件放任不管，就是一个不好的习惯。要想纠正坏习惯，就需要在实际行动中采取新行为，得到新数据。

接下来，让我们一起做一些小实验，试着减轻大脑的负担，一点点地积累新数据。当新数据慢慢积累起来，新的习惯也就形成了。

基本实验 1

× "但是啊……"
○ "同意！那么……"

"但是"是一个容易导致拖延的口头禅。回想一下，你在听到别人的建议或者自言自语时，是不是经常一开口就是"但是"？

说不定，正在阅读本书的你正要脱口而出"但是我……"之类的话呢。

实验第一步：听到别人的建议时，试着说："同意！那么……"

"但是，如果这样的话，要怎么办呢？"与"同意！那么，如果这样的话，要怎么办呢？"，这两种说法带给对方的感受是截然不同的。

说出"但是"时，心跳和呼吸会变快，身体处于交感神经系统活动*优先的高代谢状态。这种状态意味着展示自己优于对方，可以在竞争中取胜。处在拖延状态中的我们常常是消极、没有干劲儿的，由此激发出的"但是"其实是神经系统在企图强词夺理、逃避改变。

相反，当我们说"同意！"的时候，交感神经系统被腹部迷走神经抑制，让我们能够与他人建立起信赖关系，竞争行为模式转变为集体解决问题的模式。这样一来，不用进入无谓的高代谢状态，身体得到放松，视野开阔，情绪起伏减少，可以发挥出更好的状态。

展示自己的优越并不能让行为发生变化。改变行为，从刺激腹部迷走神经做起吧！

---

* 交感神经系统的活动主要保证人体在紧张状态下的生理需求。——编者注

基本实验 2

× "又搞砸了。下次一定……"
○ "啊！有意思！"

想改掉拖延的毛病，却总是一犯再犯。这种类型的人有一个共同的特征：掉进了罪恶感的"甜蜜陷阱"。

当你期待自己的行为发生改变、坚信"下次一定可以做得更好"，或者无法得到预期的回报时，罪恶感便会产生。如果可以改变这种状况，就能免于罪恶感的苛责。

"下次一定"这一说法的底层逻辑是，把已经成为事实的拖延当作没有发生。但是，如果无视拖延，我们也就无法得到可以改变拖延行为的感官数据。

所以，抛开这种把拖延当作没发生过的话术，在做完一件事时试着说一句"哇！有意思"，或者"哇！真开心"。

说"有意思"的时候，我们在行动中得到的感官数据可以直接录入大脑，不会被掩盖。

可能大家都曾在拖延之后深刻反省过，但是，"下次一定"只能徒增虚妄的期待，而"有意思"却可以带来满足感；"下次一定"会促进多巴胺的分泌，而"有意思"则会催生血清素*。

虽然不过是一句话的事，但当你说"有意思"时，别人可能就会问你"什么事情有意思"，这时，不管是什么事，你的大脑都会努力搜索其中有趣的部分来自洽。这是大脑自发的行为，我们只需要把自己交给大脑，就可以摆脱罪恶感的恶性循环。

基本实验 3

✗ 一做完该做的事，就马上玩手机
○ **做完了该做的事后，和自己喜欢的人或物待在一起**

一想到"明天再做就行"，我们就会从紧绷的情绪中解脱出来，相信很多人都会对这种解脱感欲罢不能。这种解脱感背后的真相是，我们从多巴胺制造出的某个"只不过是'可能'的可能性"中解脱了出来，这种解脱对心理健康非常重要，但关键在于接下来的做法——做法不当，就会导致拖延。

把事情推到"明天再做"，摆脱了本应在今天完成的任务，然后

---

* 多巴胺是一种神经传导物质，多与人的情欲、感觉有关，主要传递兴奋及令人开心的信息；血清素又名 5- 羟色胺，是一种抑制性神经递质，血清素水平较低的人群更容易发生抑郁、冲动及暴力行为。——编者注

把手伸向手机或是电视开关，一看起来就没完没了，这是不行的。

　　手机和电视带来的漫无目的的视觉信息，会使人产生"我可以由此得知许多未知东西"的错觉。明明刚摆脱了多巴胺的桎梏，却再一次投身到多巴胺之中，好不容易得来的解脱感会马上转变为罪恶感。
　　摆脱多巴胺之后，取而代之的神经递质应当是血清素和催产素。
　　这些神经递质可以把我们的身体与周边的环境、可接触到的人或物联结在一起。和伴侣聊聊天，抱抱孩子或者宠物，把玩自己喜欢的小玩意儿等等，这些可以让我们感受到与他人联系和情感的行为，会促进血清素和催产素的分泌。

　　与家人或朋友一起度过亲密的时光，不仅可以避免我们产生罪恶感，还能帮我们在接下来的时间里顺利完成此前一直拖着没做的事。

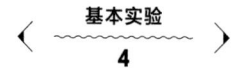

⟨ **基本实验** ⟩
4

× **每天都认真执行**
○ **先坚持四天试试看**

　　开始尝试这些小实验之后，最快也要四天之后才能看到变化。

身体的生物钟周期为三天半,因此我们在第四天才会开始适应新行为、接受新刺激。基于这一点,一个小实验可以让我们的行为产生巨大的变化。

出现一个新的行为之后,每次重复都能提高我们完成该行为的熟练度,从而毫不拖延地做出这个行为,这种现象被称为"转移"。当转移出现之后,我们会发现自己在日常生活的各种场景里都采取了不同于以往的行动。

但是,有时即使完成了小实验,行为也没有改变。这是因为在行为习得的过程中,存在一种被称为"学习曲线"的周期变化。

新行为带来的新感受会让我们产生"自己有了很大进步"的感觉。

然而,当渐渐适应这种感觉后,我们就会觉得虽然付出了行动,但是行为表现并没有得到改善。这一阶段被称为"平台期"。

与之前行为不断发生改变的时期相比,进入平台期后干劲儿会变弱,有时会再次出现拖延。平台期的出现是为了让我们适应新行为带来的新感受,实际上在此阶段中,行为表现仍然在慢慢积累、改善,度过平台期之后,我们会再次获得大幅进步的感觉。尝试新行为→通向平台期→到达平台期→度过平台期,再次体会到行为的改善——如果大脑和身体能事先理解这种行为习得的过程,就能坚持下去了。

基本实验 5

× 要做到之前做不到的事
○ 分析自己是在哪里受挫的

拖延往往是因为某种"做不到"的情绪在作祟,比如担心"不能立刻完成""无法从头到尾完成""不知道该怎么做"等等。

要想将这些"做不到"转变为"做得到",就需要拆分这些"做不到",挑出其中"做得到"的部分,然后开始实验。从分析到实验,可以让行为发生变化;而分解任务的能力,正是一种防止拖延的能力。

比如,小 A 有一份申请书一直拖着没有提交。在过往的人生中,小 A 曾提交过各种各样的申请书,每一次都是临近截止日期才急急忙忙交上去的。

申请书和装着水电费、电话费缴纳通知单的信封就那样摆在桌子上,上面还堆着读到一半的书和被塞进信箱的小广告。直到有一天,这些东西堆成的"小山"轰然坍塌,小 A 在收拾散落各处的东西时,猛然发现申请书的截止日期已经迫在眉睫。这就是小 A 的日常。

对小 A 而言,在需要提交申请时马上提交,是不曾有过的经历,是"做不到"。要是把这个"做不到"作为目标,能够进行实验的经验太少，无法完成实验，也就无法改变行为。

因此，需要把这个"做不到"的大目标拆分成以下步骤：

①打开网站上的申请页面；
②下载申请书；
③将下载好的文件放到桌面上；
④参考指示说明进行填写；
⑤为保证填写准确，查阅相关资料；
⑥填完之后，马上提交。

这样拆分开来就会发现，其实每一个步骤都不难做到。接下来，就可以进行实验了。

下面，思考一下自己究竟是在哪个环节受到了阻碍。

小A能做到①，但在②停了下来。他停下来的理由是："就算下载了文件，现在也没时间填完。"于是我们明白了，小A在时间仓促的情况下，会选择拖延。

那么我们就来实验一下，如果无法一口气完成全部工作，只开个头是否可行。

我们选择进行"确定下来的工作要先开个头儿"的小实验（第87页），用手机设定5分钟的倒计时，看看自己是不是可以先工作5分钟——结果证明完全可以。然后，把在这5分钟里填好的内容保存下来。

小A完成上面这个实验之后给出的反馈是："原来还可以这样！事先规定只做5分钟，但5分钟之后居然会想再做一会儿，真是不可思议。因为再做一会儿就能填好，所以干脆又多做了一会儿，最终顺利地提交了申请书。"

如此这般，按照本书给出的方法进行实践，不需要刻意下"我要改变"的决心，就能发现自己的行为自然而然地发生了变化。

基本实验
6

✗　是否拖延，全看心情
○　**拖延不是心理问题，而是身体的反应**

改变行为意味着改变大脑的运转模式。

改变大脑的运转模式，需要一种能够区分"自己"和"大脑"的"元认知"*能力。

"元"可以理解为"高阶"，"元认知"是指从更高的层次观察自己的能力。

---

* 元认知是心理学名词，指对自己的感知、记忆、思维等认知活动本身的再感知、再记忆、再思维。——编者注

拖延往往伴随着"好麻烦"的感觉一起出现，如果将"因为麻烦，所以不做"的想法视为心理问题，事情就无从解决了。本书建议将"觉得麻烦"的感觉（feeling）和情绪（emotion）区分开来。

感觉属于心理层面，我们无法向他人确认自己的感觉是否真实存在。感觉"麻烦"的人，真的是这么感觉的吗？为什么不是另一种感觉？这些问题只有当事人才能回答。

相反，情绪可以被他人感知。情绪是产生某种感觉时伴随出现的身体反应，比如"眼前摆着要做的工作，心跳没有变快""大脑的血流量没有增多""瞳孔没有收缩""肌肉没有变得紧张"等等。

大脑和身体会在产生某种感觉时随之做出反应。尽管也存在某些并不伴随身体反应的感觉，但基本上可以与身体反应联结在一起，从而辨别心中涌起的究竟是一种什么感觉。如果能发现并调整身体反应（即情绪），就可以改变行为，感觉也会随之发生变化。

基本实验 7

× 拿感觉当拖延的借口
○ 弄清楚自己不拖延的原因是什么

很多人把"没有干劲儿""太麻烦了"等感觉当成拖延的理由，

也说不清为什么会产生这样那样的感觉。是否拖延取决于大脑兴奋程度的高低和具体的工作内容，抛开感觉的部分不谈，根据本书第23页的坐标图，我们可以大致了解自己当下的状态。

大脑会在需要给出理由的时候，自动拼凑出合情合理的解释并做出反应，找借口拖延其实也是大脑自己拼凑出来的一个解释。善用这一特性，我们就可以强化自己是"不拖延、行动力强的人"的认知。试着把关注点从"没能完成工作"的感觉，转移到"我是怎么完成工作"的具体行动上。

你能说出自己曾经是如何做到毫不拖延、马上行动的吗？

当我这样问前来问诊的患者时，他们滔滔不绝地列出了很多不拖延的理由，比如"拖延太浪费时间了""事前准备还是很重要的"等等。

这些都是大脑拼凑出来的解释，而这些解释恰恰对提高行动力大有裨益。如果询问他人是如何顺利完成工作的，有些人可能会说，"因为我一直都很注意及时完成工作""因为我这个人就是要把事情处理利索心里才踏实"。

只要在做出理想行为时强化从行为到感觉的路径，就可以形成"这就是我的常规操作"的认知。

基本实验 8

× 还没准备好开始工作
○ 早上一起来就工作

如果你有不得不准备的资料或者不得不学习的东西,可以试试早上一睁开眼睛就开始做。早上醒来,起床,洗漱,吃饭……基本上,我们每天早上做的事都大同小异。

试着在固定的日常行为中,插入必须做的工作。

你可以在前一天晚上把工作要用的东西摆到书桌或餐桌上,然后再睡觉。早上起床后,不需要做任何准备工作,直接坐到书桌前,翻开资料开始看。照这样试过之后,你会发现工作效率出乎意料地高。不需要一口气做完全部工作,开始5到30分钟之后就可以停下,然后按日常习惯上厕所、洗脸。你需要做的仅此而已。

这样一来,在吃早饭和准备出门时,可能就会有一些工作灵感涌现出来。当你再开始这项工作时,大脑也可以以"已经完成了一部分"的状态继续运转。

一天之中,大脑的运转效率在起床后的4个小时之内是最高的。相较之下,起床18个小时之后,反应速度、判断力、记忆力都会下降,人就像喝醉了一样。我们在大脑状态好的时候,可以更快更好地完成工作。所以,试着早上起床后就马上投入工作吧。

基本实验 9

× "噫!好多灰尘!"
○ **把就要脱口而出的话咽下去,先做再说**

不经意瞥了一眼桌子下面,噫,灰尘特别厚。先别急着惊叫出声,站起来,去拿吸尘器和抹布。让躁动的神经和动作而不是语言联结起来。

你是不是也有过这种经历?嘴里念叨着"该准备洗澡水了",却继续玩着电脑,等反应过来,已经过去一个小时了。

从这些日常细节入手,有助于纠正拖延的毛病。记住,当"洗澡水"三个字出现在脑海中时,在脱口而出前,先轻轻举起右手,将"从思维到语言"的路径替换为"从思维到动作"。轻轻举一举手,就可以帮你把行动落到实处。

即使一开始做不到一想到"洗澡水"就马上起身打开热水器也没有关系,这只是一个实验,测试一下你能不能在想到之后马上行动。只要身体动起来了,大脑就能形成新的行动路径。

然后,请在同一天中多次重复"想到了就做"。每当你想到"要做某事"时,先举起右手,在大脑建立一个新路径时,通过重复这一行为施加电流刺激,让新建立的神经回路变强,升级为大脑的主要路径。

新路径升级为主要路径后,脑中再出现"以后再说"的想法时,就会突然涌上一股"现在就能做"的感觉。这说明,情绪和身体的变化带来了感觉的变化。

如果能做到这些,那么看到灰尘就拿起工具打扫、想要洗澡就马上去烧洗澡水之类的小事,就不在话下了。

<基本实验 10>

× 不知不觉就拖延了
○ 找到开始拖延的时间点

只要找到开始拖延的时间点,就能预防冲动导致的拖延。观察一下自己的日常行为,就能发现自己是在哪个时间点上开始拖延的。

比如,突然发现原以为完成了的工作竟然还剩下一些时(按部就班型),偶然翻出来一份离提交日期尚远的材料时(好逞英雄型)……

"以后再说""这个也弄一下吧""这个很烦""麻烦得很""不得不做""还剩下一些""还有时间"……这些话脱口而出的时刻,都是我们改变神经路径的机会。

找到拖延出现的时间点,然后进行相应的小实验。只要能找到这个时间点,就有机会把"做不到"拆分开,将问题逐个解决。

第一章

"教条型"

解决策略

教条型：因为要做的事太多而拖延。

教条型大脑的特征

教条型大脑的特征是，明明知道该做什么，但就是拖着不做。列出待办事项只会让这类人注意到工作量之多，光是列出待办事项就累倒了，没有任何实际行动，要做的事总是堆积如山。他们把"不做不行啦"当成口头禅，却又总是因为什么都没完成而苦恼。

大脑时刻都在对我们的行为做出预测，并依据实际行动结果修正预测的偏差。正因如此，我们的行动才能顺利进行。但是，如果一边念叨着"不做不行啦"，一边没有任何行动，大脑就无法修正预测与实际结果之间的偏差，从而不能预测下一个行为，导致我们什么都没做。

教条型大脑避免拖延的对策要点

- 完成该做的事之后，口头描述自己做了什么。
- 不在工作环境中堆放杂物。
- 创造便于行动的动线。
- 不要想还有什么没做，想想明天要做什么。
- 在说"不做不行啦"之前，先确定好工作场所、需要的物品等。

教条型实验 1

× 画掉待办清单上的事,一身轻松
○ **画掉清单上的待办事项是辅助工作的手段,不是目的**

教条型的人容易将"列出待办事项"和"逐一画掉清单上的事项"作为目标。他们总会一边列清单一边想象:"要是能干脆利索地把眼前的事都处理完,那该多有成就感啊。"

但令人意外的是,真的做完工作时,他们却并没有多大的成就感。才完成了一项工作而已,他们已经开始思考下一项工作了。树立目标明明是为了改善拖延,可他们却看不到已经完成了的工作。

完成该做的事当然非常重要,但更重要的是完成这项工作带给我们的提升。如果我们只想通过画掉清单上的待办事项而获得成就感,就会沉迷于列出更长的清单,同时还会觉得尽管清单上的事项画了又画,可要做的事还是堆积如山。

拖延是大脑针对不清晰的未来所产生的一种保护机制。

大量的实验结果表明,教条型的人即使变得不再拖延,也不认为自己"能麻利地完成工作"。我在研究其他课题的时候发现,其实存在这样一种现象:当拖延出现时,我们会觉得这是一个很严重的问题;但当它消失不见后,我们又会觉得它似乎从未出现过。

所以，不要以画掉待办清单上的事项为目的，试着用语言描述"完成这项工作之后会怎么样"，这样可以帮助自己弄清完成这项工作之后可以实现什么、有哪些提升。

教条型实验
2

× 对开始一项新工作感到抵触
○ **把新的行为穿插在日常行为之间**

进行一项新的行为可能会伴随风险，所以大脑会让身体保持高代谢的状态，时刻准备应对可能出现的麻烦。于是，我们会感到心跳变快、呼吸急促，这就是我们会在开始一项新工作时感到不安和抵触的原因。

相反，做平时习惯的事情时，大脑和身体不会进入高代谢状态，而是会保持稳定。大脑高速运转时消耗的能量非常大，所以总是希望可以节省能量。比起抵御风险，大脑更喜欢维持稳定。因此，在完成一项不习惯的工作之后，我们可以做一些自己熟悉的事情，恢复稳定的心情和状态。

我们可以灵活运用这一机制，把新的行为安插在日常行为之间。比如，如果你觉得洗澡很麻烦，总是拖着拖着时间就晚了。那么，你可以试着把"放洗澡水"这个行为安排在"回到家"和"放下包"这两个行为之间。

回到家，放洗澡水，放下包，浴缸蓄满水，马上洗澡。

这样可以让晚上余下的时间变得更长、更充实，感觉会很棒。把新行为安插到一连串的习惯动作之间，不让大脑发现你在进行一项新行动。

早上起床后、下班回家后以及洗澡之后所做的事，往往容易成为日常习惯。在这些时间点插入的新行为，不需要做太多准备就能顺利完成，而且这些新行为也会慢慢融入日常生活之中。

教条型实验
3

× 把待办工作摆在桌子上
○ **打造一处没有杂物的空间**

试着打造一个专属空间，让自己能够在有需要的时候马上开始工作。完成工作后，再把那里复原。

光是看到桌子上乱七八糟的就没了干劲儿，相信大家都有过这样的体会吧。的确，桌面的整洁度也会影响工作状态。大脑的运行机制是，看到桌子，记住桌子上有什么、是怎么摆放的，然后据此规划下一项工作如何展开。所以，桌子上放的东西越少，大脑就越容易安排接下来的行动。

桌子上放的东西太多，会搞不清什么东西在什么地方。对大脑来说，"搞不清"＝"风险过高"，这会让小脑扁桃体变得活跃。小脑扁桃体在受到外部刺激后，会判断这个刺激是否有害，并使身体处于可以与之对抗的状态。当小脑扁桃体受到的视觉刺激风险过高时，身体会进入极高的代谢状态，导致呼吸困难、肩膀僵硬、手足无措。大脑会记下这种状态，从而导致拖延。

话虽如此，始终保持桌面整洁的难度还是很大的。所以，可以试着打造一处收拾得干干净净、什么都不放的空间，把工作时必需的物品都拿到这个地方，完成工作之后再把东西都拿走。

在家办公的话可以选择折叠桌，在公司时可以选一间没人使用的会议室，诸如此类。选择一个平时没有堆放东西的地方，可以更顺利地帮你完成这个实验。

教条型实验
4

× 难以保持专注
○ **规划动线**

试着改变房间的陈设和物品摆放的位置，打造出便于自己行动的路线。

假设你的包里装着考试所需的教材，如果你到家后把包放在客厅，它就会一直被放在那里，而把教材从包里拿出来就成了一个"新行为"。

试一试到家之后直接把包拿到书桌或用于学习的桌子旁边，从包里拿出教材，翻开书，然后再把包放下。完成这些之后你想做什么都可以，有人可能会直接开始学习，也有人不会。试试看会有什么结果吧！

说不定教材的内容原本就是自己感兴趣的领域，一翻开书，不知不觉就读了下去。将自己的行为引导到这一步，大脑可以得到关于学习的数据，之后的学习计划也会更容易制订。

这仅仅是一个小实验，不需要高喊口号："从今天开始，到家之后我要马上坐到书桌旁边学习！"放轻松，就像在给新入职的员工介绍公司日常工作流程那样，告诉大脑："到家之后，先把教材放到桌子上。"

这个实验在需要把工作带回家处理和复习备考等情况下同样适用。

如果工作环境准备妥当，就相当于这项工作已经开始了，对大脑而言就不再是一个"新行为"。

这个实验证实，只要避免为新行为做准备而产生的负担，我们就不会觉得将要做的事"太麻烦"了。

教条型实验 5

× 睡前反省
○ 将早上作为一天的结束

你是否也曾在晚上准备睡觉时，开始反省"啊，我今天什么也没完成"？将睡觉作为一天的结束，脑海中容易涌现后悔和反省等情绪，即便懊恼，也找不到解决办法，于是第二天早上又会重复前一天的情况。

我们只有在清醒的时候才有意识，所以习惯把清醒的时间当作一天。但是对大脑来说，完整的一天还包含晚上睡觉的时间。试一试配合大脑对时间的划分，将睡醒后作为一天的结束。

这样调整后，你会有一些新发现。

将入睡作为一天的结束，因为在睡前反省了这一天"什么都没做"，第二天一睁开眼睛就面临着"这也没做，那也没弄"的情况，新的一天就要从处理此前堆积的工作开始。一睁开眼，赶工的压力迎面袭来，会让你觉得"起床好烦啊""好想再睡一会儿啊"，甚至会真的再躺回去睡个回笼觉。

然而，如果将早上睡醒作为一天的结束，就可以把注意力转向如何迎接新的一天。为了第二天可以从早上开始就精力充沛，我们可能会在睡觉前采取一些提高睡眠质量的措施。睡觉时大脑会自动整理信息，睡醒后工作会变得更顺畅，有时还会灵光一现，找到更好的工作方法。因为是一个全新的开始，所以会转变成"今天要如何度过呢"的思维，这比一睁开眼就压力满满可要轻松多了。

<教条型实验
6>

× 清空待办事项
〇 **少往待办清单上添加待办事项**

不要想着如何完成工作，而应该思考怎么才能不增加工作量。如果以完成工作为目标，那你的待办事项清单上可能会再次出现这项工作。随着清单上的项目增多，冗长的列表会让大脑觉得风险很大。所以，试着思考怎样才能不让这项工作再次出现在清单上。

比如，你需要给某人发邮件，如果将"收到邮件后马上回复"作为一个连续的动作，你的清单上就不会出现"发邮件"这个待办事项了。

再比如，需要报税的时候，申报日期一确定，马上添加到日程里；网上购物时，将某一天作为"采购日"，要么一天之内买完，要么只逛不买，这样就能保证不会在网上购物这件事上花费过多时间。

如果以不增加待办清单上的项目数量为目标，那么待办清单就会不断升级。不重复出现相同的项目，可以促进行为模式的改变，这才是待办清单的意义所在。

列待办清单时，请这样问问自己："这些项目中，哪个是可以不列出来的？哪个是下次还需要列的？怎样优化才能让这个项目不再出现？"

运用自问自答的方法，一起改善行为模式吧。

教条型实验 7

✗ 有了干劲儿再行动
○ 让讨厌的工作变得可以预测

教条型的人往往会在义务感的驱使下工作,所以"该做的事"容易变成"讨厌的事"。即便如此,他们也会因为"不得不做"而行动起来。

在这种情况下,一旦"要做的事情太多,不知道该从哪儿开始"或者"不知道应该按什么顺序工作",就会疲于行动。

因此,开始一项工作前,为了方便大脑预测,要事先确定好工作的地点、需要的东西、工作时间、工作姿态、工作时穿的衣服等。

削减可选项,能提高大脑预测的精度。面对一个无法预测的事件时,能确定的不变项越多,就越能提高行动力。

第二章

"跑题型"

解决策略

跑题型：一工作就跑题，结果什么也做不完，从而导致拖延。

跑题型大脑的特征

跑题型大脑的特征是,明明已经开始做正事了,但一想到别的事情,就会马上停下正在做的事,因而出现拖延。那个也想弄,这个也想做,东摸摸西瞧瞧,结果忘了原本该做的事。

我们在工作的时候,大脑会分泌多巴胺。多巴胺是一种提高身体代谢、让身体进入准备状态(拿出干劲儿)的神经递质。

当多巴胺大量分泌又马上消失时,我们就会感到自己的行为失控了。

该做的事明明可以立刻处理,可是转眼注意力又跑到了其他事情上,像这样半途而废、事情做了一半的情况比比皆是。

跑题型大脑的对策要点

- 决定好一天中最先做什么,并坚持完成这件事。
- 准备一个抵抗诱惑的方法。
- 缩减工作量。
- 留意自己的冲动行为。
- 不要受周围环境的影响。

跑题型实验 1

✗ 一到关键时刻就败给诱惑
○ 事先确定面对诱惑时要怎么做

知道该做什么,也知道该怎么做,可每次刚一开始行动就败给了诱惑,注意力就转移到了别的事情上。这并非意志力的问题,而是策略的问题。这个问题的关键在于,诱惑是无法预测的,所以,我们可以试着事先决定好面对诱惑时该怎么应对。

你准备写点东西,于是坐到桌子前,打开了电脑。这时,屏幕上弹出了健康食品的广告。你扫了一眼产品说明和买家的评论,越看越心动,于是就冲动下单了。可等商品送到了,却迟迟没有拆封。

我们必须承认,在面对不得不做的工作时,我们总是会冲动地做出不正确的选择。冲动是刺激之下出现的反应,所以,我们可以试着用其他事情替代刺激和受到刺激之后的行为。

假设,你正面临一个难以拒绝的饭局,思考一下该怎么应对。其实,只要事先决定好拒绝的方法,即使突然接到邀请,也能顺利地推掉。

①固定的套话:"抱歉,下次再叫我吧。"

②离开：避免出现在可能被邀约的场景中。
③提前安排好其他事：比如，参加一个兴趣班。

同样，可以按照上述思路，准备一套应对诱惑的做法。

①对自己说的固定的套话："现在正有感觉呢。"
②离开：断开网络，开始工作。
③提前安排好其他事：比如，站起来，喝点水，然后坐回桌子前。

就像这样，事先准备好对策，一旦诱惑突然出现，就用准备好的方法应对。如果每次面对诱惑都能这样做，久而久之，那种强烈的冲动就会消失，诱惑会渐渐变得不再有吸引力。

跑题型实验 2

× 打开一个网页，会先去看些不相关的内容
○ 打开网页之前，说出："我要查……"

上网查东西时，先说出"我要查……"，然后再动手检索。

想必大家都有过一打开浏览器就开始看与之前想查的内容不相关的页面的经历吧。这种时候，光是回忆起原本想查的东西是什么就要花不少时间，因此工作时间被大幅拉长。

如果在开始检索前，先把自己的诉求说出口，大脑就能对接下来要做的事有更准确的预测。

写邮件、查天气、网购等，如果我们平时在上网前，先将这些任务一一说出来，那么在打开浏览器时就能具有主动性，不去做不相关的事。

⟨ 跑题型实验 ⟩
3

× 左右开弓，盲目追求效率
○ **不要用两只手同时拿东西**

你如果习惯用一只手拿着东西，另一只手拿着下一项工作要用的东西，那就试一试不要用两只手拿不同的东西吧。

当你发觉自己又开始跑神时，你的两只手里恐怕正拿着不同的东西。吃饭时一只手拿筷子，另一只手拿手机；一只手端着咖啡，另一只手拿着报纸；一只手拿着没拆的信，另一只手去取桌子上的东西。改掉这些习以为常的做法，你会发现大脑的感官数据也发生了变化。

右手拿筷子时，左手就扶着盘子；喝咖啡的时候不要碰别的东西；手里拿着还没拆的信，那么在拆完信之前就不要做其他的事。

照这样做，仅仅是改正了双手同时拿不同的东西这一动作，就能把问题逐一解决掉。

空着手时，大脑内部会对刺激产生抑制作用。当你看到手机时，脑子里会产生"看一眼社交软件吧""说不定来新邮件了""可能有什么新的新闻"之类的想法，此时只要稍稍动动手，上述想法就能付诸行动。大脑给"将手伸向所见之物"这一原始反应提供了合理的动机。

如果试着将伸出去的手收回来，你会发现自己的思路发生了转换。所以，不要把空着的手伸出去，注意提醒自己把手收回来。这对控制自己的行为有重要的作用。

〈 跑题型实验
4 〉

× 一犯懒就拖延
○ **做出冲动决定前，呼气六秒钟**

如果没有事先明确遇到诱惑或预料之外的情况时应该怎么做，就难免会冲动行事。拖延并不是因为懒，而是因为突然出现了一个计划之外的选项，我们在冲动之下做了原本没打算做的事，原有的计划被拖延了。

所以，可以尝试用克服冲动消费的方法来预防拖延。

怎样才能克服冲动消费呢？如果你习惯在实体店购物，那就远离商店；习惯网上购物的话，那就关掉网购页面。想买什么的时候，可以先看看别的，然后再回过头看自己是否还想要刚刚那件东西。

同样，当冲动之下想要浏览社交软件时，可以先把手机放下，站起来走走，这样你就能意识到自己现在应该做什么了。

如果能意识到冲动的感觉是怎么消退的，就能更好地控制冲动。冲动是人在心跳加快和呼吸急促的状态下出现的行为。相反，如果降低心率和呼吸频率，就不会出现冲动的行为了。

在对别人说的话或者是屏幕上的信息做出反应之前，先试着呼气6秒钟。呼气6秒可以排空肺部的气体，当肺部处于负压状态时，自然需要吸入空气。呼气6秒，再吸气4秒，这样就完成了一组"10秒深呼吸"。

做出冲动行为的时候，我们有时会屏住呼吸。呼吸是从呼气开始的。先呼气清空肺部，再开始自然地呼吸，心率会随着呼吸渐渐变慢。

留意观察一下你现在的呼吸就会发现，有意识地吸气时心跳容易变快，所以，试试从呼气开始的呼吸法吧。

跑题型实验 5

✗ 时刻用手机查看邮件和信息
○ 时刻查看不过是在确认"已经晚了"这一事实

我们可以从元认知的角度来思考一下，时刻用手机查看有没有收到新的工作信息或者朋友有没有更新动态等行为会带来怎样的后果。在不能马上回复时用手机查看邮件，只会让不能当场解决的事情增多。明明现在处理不了，却提前确认了一件稍后要做的事，这无疑是在主动制造拖延。

时刻查看信息只会不断给自己施加压力，并不会提高效率。

如果规定只能在有空处理并回复信息的时候才能查看手机，可能很多人一天之中也就只有两次机会。而且，相信很多人会发现，上下午各查一次信息，其实也完全没有问题。

冲动会带来拖延，所以我们应当尽量回避可能导致冲动行为的环境。工作中，会导致冲动行为的典型刺激就是邮件、短信以及社交软件。

因为想跟上大家的步伐，所以总是秒回信息，结果耽误了手头的工作，最终为了配合大家的节奏而加重了自己的工作负担。这样的你需要改变观念。

做自己工作的主导，不要随波逐流。工作完成后，再去回复信息。按照这个思路，试着在工作时给自己营造一个不被手机信息打扰的环境吧。

跑题型实验 6

× **手头的事情还没做完，可一想到什么就立马转头去做**
○ **吃饭时，无论想到什么都不要停止吃饭**

我们之所以可以把想到的事情暂时存在脑子里，等先做完眼前的事情再说，是因为大脑有短期记忆的功能。短期记忆力差的人不仅工作效率很低，而且容易不断地切换行为。

工作时突然想到了什么，马上转头去处理想到的事，导致原本工作中需要的东西被丢到了一旁，重新开始工作时不得不现找东西。结果总是什么都完成不了。

试着在手头有工作时不要突然起意做别的事情，先集中精力把手头的事情处理完。

吃饭时最适合做这个实验。我们在吃饭时经常能想到一些没做完的事情或者新的点子。这是因为在我们吃饭时，口腔内部的感觉和肌肉的动作等感官数据被清晰地传送给了大脑，大脑的默认模式网络*对这些信息进行了整理。相信大家都有过在吃饭时突然想到了什么就马上用手机上网查的经历，所以，让我们一起来试试不中断吃饭的实验吧。

实验发现，吃饭时好不容易想到的点子，如果不能马上实践，会让人感到心情郁闷。但这时如果继续吃饭的话，刚刚想到的点子会进一步完善，从不同的角度进行审视，让刚刚的想法得到质的提升。连贯地完成一件事，可以控制能量的消耗，集中注意力，并强化短期记忆力。

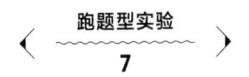

跑题型实验
7

× 坐着努力集中注意力
○ **开始工作前，慢跑五分钟**

只需要 5 分钟，就能让注意力集中起来。

当感到无法集中注意力时，你可以试着慢跑 5 分钟，然后重新坐回桌子前，继续工作。这样做的原理是，运动会刺激多巴胺的分泌，而多巴胺会掩盖其他感觉信息，从而将注意力集中到眼前的工作上。

---

* 神经科学中所说的"默认模式网络"是指人脑在没有任务的静息状态下，仍持续进行着某些功能活动的大脑区域所构成的网络。——译者注

居家工作的话,在开始工作之前稍微跑一会儿应该不是难事。如果有可穿戴设备,最好注意心率不要超过220减去年龄得到的数值。没有条件跑步的话,可以做几次蹲起之类的运动,稍微提高心率之后再开始工作,你会感到注意力集中起来了。

第三章

按部就班型

解决策略

按部就班型：因为不知道该怎么做，所以拖延。

按部就班型大脑的特征

按部就班型的人过分依赖工作指导，不能根据自己的判断来行动，不知道该怎么做，不会思考，因而拖延；为了摸索做法而在准备工作上花费大量时间，总是忧心忡忡、小心谨慎，容易感到疲惫。基于"想不明白就会觉得不安，不想失败"的心态，这种类型的人很难开始一项工作。

行动力差的人由于从各种媒介接收到的"没有实感的语言信息"太多了，因此他们在行为抉择上往往依靠语言信息，而缺乏感官信息。当基于身体感觉的感官信息不足时，大脑就无法规划具体的行动。

按部就班型大脑的对策要点

- 制订以自己为核心的行动计划。
- 不要在准备工作上花费过多时间。
- 不要为还没出现的失败担忧，不要被他人语言所左右。
- 感到不安时，试着向自己或身边的人汇报一下工作的进展。
- 积极应对突然出现的工作。

按部就班型实验 1

× 别人让怎么做，就怎么做
○ 确保工作自始至终都在自己的主导下进行

接到一项工作时，如果他人没有交代清楚具体的做法，按部就班型的人容易不知所措。他们非常在意上司和家人的态度，或者说，他们非常害怕触怒实际上并不存在的道德秩序审判者。

但是，我们并不总能得到事无巨细的指令。有时我们会被要求开始一项从没做过的新工作，有时可能只会得到"下周要开始啦，你做好准备"之类的模糊要求。

事实证明，当我们依据自己的判断处理工作时，更容易觉得进展顺利，这就是所谓的"心流体验*"。如果一项工作从头到尾，都由我们自己掌控，那么完成工作时的感受会通过"转移"作用对其他行为施加影响。当出现这种转移时，即使我们不想办法预防，也能轻松避免拖延问题。

我们可以从以前看过的资料、做过的类似的事情着手。因为以前做过，所以了解情况，对可能会失败的担忧就会少一些。

---

* "心流"是指我们在做事时出现的投入状态，在这种状态下，会觉得时间过得很快，完成这件事后，会感到十分满足、充满能量。——编者注

不清楚做法的时候，大可以向交代任务的人确认，但是要记住，工作的主体始终都是自己。比如，你可以这样问："我是这样考虑的，您觉得可以吗？"

选择一项不涉及别人看法的工作，试着从头到尾独立完成它，为战胜你心中的那个道德秩序审判者积累经验吧！

⟨ 按部就班型实验 2 ⟩

× **不准备资料就无法开始工作**
○ **正式开始工作之后再查资料**

写东西需要搜集大量的信息。如果你认为没有足够的时间检索信息、看书或者和别人商量，就没办法写东西的话，可以试着在分配给写东西的工作时长中，加上查资料的时间。

写东西的过程包括看资料、做分析、统筹全局等，将这个过程作为一个整体规定一个工作时间，可以让这项工作切实向前推进。在规定的时间内工作时，你会意识到有些步骤可以简化，比如"不需要准备这个，直接开始写比较好"等等。实际开始这项工作后，大脑得到了感官数据，可以更好地预测接下来的行为。你如果认为必须在开始工作前制订好详细的计划，可以将制订计划也作为正式开始工作的一个步骤。总之，我们需要一个"工作已经开始"的事实。

可能你也有过写东西时因为觉得电脑不好用而拖延的经历吧。或者，电脑中软件和文件夹太多，让你的工作场景中潜藏了太多分神做其他事的可能。如果你发现自己下意识地认定，必须达到某种状态才能开始工作的话，可以试试就用现有的东西开始工作。比如，随便拿一张纸，用笔在纸的背面胡乱写写，你会惊讶地发现，即使没有准备好也能开始工作。一旦开始动手做，你会发现原本以为很困难的事情，其实也不过如此。

今后，如果你再面对什么艰巨的工作，记得告诉自己，那不过是大脑感官数据不足导致的预判偏差，先动手做，以便大脑积累感官数据，重新预测。

按部就班型实验
3

× 做不好可不行
○ **工作从获取反馈开始**

面对分配给自己的工作，你是不是会想当然地认为"必须得做好，绝不能搞砸"？有的人会为了工作不失误而认真准备，而一旦觉得工作"失败了",大脑就会一片空白。

如果你害怕失败,可以试着把失败看作大脑接收到的一种感觉,一种有别于之前预测的感觉。

大脑的运作基于一种反馈系统,即依据实际行动时的感受来改善行为。对一个行为的预测与实际感受之间差距越大,这一行为越容易被认定为"失败"。但是如果没有不同的感官数据,大脑就无法改善行为。我们可以告诉自己,每一个行为都无所谓成功或失败,都是不断在为下一次行为收集信息。这样想就可以避免自己陷入过度紧张的情绪。

泛滥的视觉信息和语言信息,是我们产生"挫败感"的原因。看了别人上传的图片或者听了别人的话,自己有点跃跃欲试,但是实际做来一看,完全不是那么回事,相信大家都有过类似的经历吧。但是身体的固有感觉、触觉、体感温度等感官数据,不存在预测和实际行为之间的差别,也就不会让人产生"失败了"的感觉。所以,行动起来,有了感官数据,就不用害怕失败了。

可以试着先给工作开个头儿,然后再开始收集信息,以此降低失败的可能。有了感官数据之后,再来处理视觉和听觉的数据,你分析信息的方法就会发生变化。这样可以缩小行为预测与实际行为之间的差距,你也就不会那么担心失败了。

按部就班型实验 4

× 发现工作有遗漏,顿时泄气
○ 返工才能带来成就感

明明以为"做完了",却发现还遗漏了一部分;明明以为"完成了",却还需要返工。相信很多人会在这种时候丧失干劲儿,犯拖延症。要想提高返工效率,需要在平时做好面对返工的准备。

假设,你为了保护手部皮肤,刷碗的时候戴上了塑胶手套,刷完之后摘下手套,然后才发现还漏掉了一些碗盘没刷。这时,请尝试再次戴上手套。不论有没有干劲儿,我们都要通过动作将感官数据传递给大脑。

工作也是一样的。已经交上去的资料,却因为缺了部分信息而被要求返工,相信大家都经历过不少这样的事。

当觉得"还有不得不做的事""好麻烦"时,试着命令自己"动起来"!

转换心情是很困难的,但我们可以随意差遣自己的双手,所以我们可以通过"动手"来收集信息。如前文所说,重新开始一项工作时,扮演重要角色的是身体的行动和触感,而不是视觉和语言。

如果你很看重工作中所用文具的使用感觉和手感,可以在工作时使用自己中意的文具。你会因为喜欢用这个文具,而更能接受返工。

一项工作越是经历过返工，真正完成时的成就感就越强。返工是将80分的东西打磨到100分，开始时觉得"应该能行"，在多巴胺的作用下期待满满、干劲儿十足。结果做完之后只得了80分，远远低于期待，多巴胺水平也会明显下降。返工的时候虽然情绪低迷，但完成之后得到了100分，这时体内血清素增多，成就感油然而生。

与其抱着虚幻的期待，不如选择现实的满足，你说对吧！

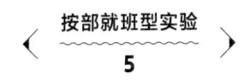

按部就班型实验 5

× 不想被别人说"这你不知道吗"
○ 试着承认"我不知道"

经常有人向我咨询这样的问题："为了看完电视节目，我都没有时间睡觉了。"我问他们为什么要强迫自己接收那么多信息呢？他们的回答是"因为觉得应该知道""害怕只有自己不知道"。

如果你的行为动机源于他人的评价，你就会因为害怕得到差评，而使自己的行为受到他人的支配。

这里有一个实验，可以帮你把宝贵的时间从他人那里夺回来。不要回答"为什么""这个你不知道吗"之类的问题，要试着直接说"我不知道"。这样能让你从受人逼迫的压力感中解脱出来。

在此,我想向大家介绍一个关于为什么我们可以无须知道的研究。

一位叫托马斯·拉德埃尔的认知科学家在研究中指出,我们可以将通过学习获得知识当作自己的目标。假设人的一生有70年,按照一定的速度坚持学习,可以获得的信息量约为1G。即便是硬盘很小的笔记本电脑,通常也有120G~250G的存储空间。由此可见,我们能掌握的信息量是有限的。

不论接收了多少信息,你能掌握的信息量只有1G,别人也一样。既然都只有1G,那再争什么"只有我知道",就会显得愚蠢可笑。所以,试着勇敢地说出"我不知道"吧。

对无知的恐惧,是因为掌控人际关系中信赖感的腹部迷走神经系统不再受到抑制,而掌控竞争关系的交感神经系统开始发挥作用。交感神经系统会促使我们赢得竞争以展示自己的优势,但这其实是一个应对危机状态的系统,并不需要时常启动。如果我们总是因为害怕错过什么而紧张,那么当真正的危机来临时,这个系统就无法发挥作用了。也正因如此,对我们来说真正重要的事情才会被耽误。

按部就班型实验
6

× "我还什么都没做"
○ **具体地描述自己完成了多少**

将工作目标定为100，用数字具体描述已经完成了多少。哪怕只是一个大概的数字也没关系，重要的是，不要使用数字"0"。

如果你问重度拖延症患者"你现在工作进行到哪儿了"，肯定有不少人会坦然地回答"还是0"。当我们承认拖延、承认进度"还是0"时，大脑内部感受痛觉的神经会产生反应。关于这个现象，有人以做数学题为例进行了实验。让不擅长数学的人想象一道不得不做的数学题，然后给他们的脑部做功能性磁共振成像。检测发现，他们大脑中感受痛觉的部位变得异常活跃；而当他们实际着手去解那道数学题时，痛觉中枢的活动反而变弱了。

这个实验告诉我们，对大脑来说，拖着棘手的问题迟迟不做是一件非常痛苦的事，而一旦开始动手做，大脑就可以从这个痛苦中解脱出来。

基于此，我们可以试着用1~100的数字描述任务的完成度，这样就能清楚地知道，完成2比完成1具体推进了多少，完成3的时候具体应该做些什么。

一句"什么都没做"，会让大脑无法对之后要做的事做出判断。

由于无法判断，大脑会出于对潜在危险的防御而开始拖延，进而产生痛觉。所以，为了不给大脑造成困扰，用数字简明地告诉它你现在的工作进度吧。

按部就班型的人中，有些人很抵触让别人知道自己的工作进度。对把尚未完成的工作展示给别人感到抵触的人，可以尝试一下改变动机。我曾接待过这样的咨询者："因为觉得当时做的资料还没达到可以提交的程度，我就一直没有把资料发出去，截止日期一点一点迫近，最终我没能按时完成。结果被人说，想保证工作质量固然很好，可要是不能遵守约定的时间就没有意义了呀。"

当你非常"重视工作的质量"时，你的工作动机就是得到别人的好评。换言之，你是在外部动机的驱动下工作。

在外部动机的驱动下工作的人，如果没得到预期的回报，就会一下子丧失干劲儿。因此，我们应当试着将驱使自己工作的外部动机转变为内部动机。

你写的资料应该以让读到的人能理解为目的，只要对方能理解，甚至可能都不需要写得多完美。

资料不过是让对方和自己互相理解、共享信息的工具。当以"共享"和"共鸣"为目标时，我们就可以从外部动机驱动下的高代谢状态，转变为内部动机驱动下最合适的代谢状态。

事先询问对方的意见，能更好地写出便于双方沟通的资料。

先准备基础资料，能传达出自己的意图和态度即可，这时可以先让对方过目。得到对方的反馈后，就离有效沟通更近了一步，也能更好地把握后面的工作。

有时，你准备的资料并不是为了与他人协作完成工作，只需要写好之后提交上去。有人说："不过是存档的资料，我很清楚应该怎么弄，但就是迟迟不想动手。一开始做，就会被很多细节牵扯注意力，浪费很多时间。"

这种时候，可以试着思考一下，怎样才能让这项工作不出现呢？因为是一项日常工作，所以从来没想过为什么要做这项工作。思考一下这项工作产生的原因和目的，也许就可以减少一件可能会被你拖延的工作。试着换个角度来看待你的工作吧。

按部就班型实验 7

× 不事先调查就无法行动
○ **行动需要的不是语言，而是身体感受**

行动时，并不是掌握的信息越多越容易做选择。更多的时候，搞不懂的专业术语和泛滥的信息会让我们变得束手束脚。有很多术语，我们以为听过就等于理解了，比如"自然派""有机""无谷氨酸"等，在这些术语的诱导下，我们会做出不恰当的选择。

其实，当我们仅凭看到和听到的信息来行动时，并不全由自己做主，我们会下意识地受到他人影响，模仿他人的选择。

不要被语言迷惑，根据自己之前的经验，或者通过新的实践获得感官信息之后，再做选择吧。

第四章

"好逞英雄型"

解决策略

好逞英雄型：不到最后一刻就没有干劲儿，从而导致拖延。

好逞英雄型大脑的特征

好逞英雄型的人，因为总能赶在截止日期前一秒完成工作，所以就觉得"还来得及，问题不大"，然后开始拖延。他们总是在临近截止时间时感到痛苦，好不容易应付过这一次之后，又好了伤疤忘了疼，于是重蹈覆辙。还有人是因为总是兼顾多项工作，时间管理不当，结果把自己逼得太紧。

这种类型的人容易产生一种错觉，以为临近截止日期时交感神经异常活跃，就意味着工作正在稳步推进之中。但事实上，交感神经过度活跃反而会让我们的工作效率变低。如果你认为交感神经的异常活跃就是所谓的"工作进展顺利"，说明你选择了一种反复激烈变化的行为模式，先是主动让自己陷入过度紧张的状态，然后因为反作用而进入消极状态，如此不断重复。剧烈的起伏消耗了大量的能量，原本能够轻松完成的事情就会被拖延。

好逞英雄型大脑的对策要点

- 事前预估工作用时，事后记录实际用时。
- 让行为保持连贯。
- 不要把工作开个头儿之后就扔在一边。
- 不要盲目乐观。
- 适度健身，让身体变得轻盈。

好逞英雄型实验
1

× 使用时间管理工具
○ **估算自己完成工作所需要的时间**

你是不是认为自己总是被截止日期追得焦头烂额，都是因为不擅长时间管理，于是试遍了所有时间管理工具呢？便于规划时间的手账、日程表、任务管理软件、可填入式日历……你的书桌上、手机里充斥着各式各样的时间管理工具，但还是被截止日期搞得手忙脚乱。

如果是这样的话，可以试着记录下自己完成每项工作所需要的时间。虽然有了时间管理工具，却依然不能改善工作完成的状况，这说明问题并不在于你的时间管理能力。即使时间管理得很好，先做这个，再做那个，工作顺序都一一安排妥当了，可是如果不清楚自己在每项工作上要花多少时间、不知道自己在一定时间内能做多少事，也就不可能在规定时间内完成工作。

所以，先试着记录一下自己做完一件事需要多少时间吧。

好逞英雄型实验 2

× 不擅长预估时间
○ **预估所用时间，并记录实际用时**

很多好逞英雄型的人认为自己不擅长预估做某件事需要多长时间，原本以为两小时可以完成的工作，实际却花了四个小时，结果弄得自己非常紧张。

进行这项实验前，不要想自己是否擅长，先试着了解一下自己完成一件事所需要的时间，然后选择时长合适的空闲时段，安排与之匹配的行为。

可以从洗澡、洗脸等日常行为开始试着记录时间。你需要做的就只是在开始做这些事之前，打开手机里的计时器。比如，你想好好泡个澡，那么就用计时器记下时间，你就能清楚地知道"好好泡个澡"究竟花了多长时间。假设你平时冲澡需要 10 分钟，而好好泡个澡需要 30 分钟，知道这些时长后你就可以根据实际情况合理地分配时间。如果今天很累想要泡澡解乏，就可以好好地泡 30 分钟；如果还有别的事要做，则只能洗 10 分钟。

做到这一点之后，接下来可以试着把上述实验应用到工作场景中：查邮件、看资料、写材料时，都打开计时器，记录做每项工作花费的时间，这样就能知道自己一天的时间是怎样分配的了。

弄清每项工作需要的时间后,我们就可以在自己的空闲时段安插合适的工作。比如,30分钟后要出门,那么需要40分钟的工作是做不完的,但需要15分钟的工作应该可以完成。按照这个思路安排工作,可以利用碎片时间完成很多事情。

通过这个实验,相信你会发现,模糊地预估时间可能会让人心潮澎湃,但同时也更容易使人疲惫。不断地预想模糊的可能,会促使多巴胺的分泌而让人心生期待,从而处于无意义的高代谢状态,所以容易觉得累。当你认清这一点,就可以摆脱认为自己不擅长管理时间的想法了。

好逗英雄型实验
3

× 设定一个大致可以完成工作的期限
○ **在预设期限之前完成工作**

对大脑来说,提前完成工作是一个意外之喜。这时,大脑会分泌多巴胺,使这个带来意外之喜的行为得到强化。在截止时间前完成工作的行为得到强化,可以让多巴胺带来的高度集中的注意力更好地发挥作用。

你如果已经掌握了前面的"好逗英雄型实验2",可以在设定工作的截止时间时,给自己设定一个比预估时间更早的截止日期。开始工作之后,你做事会变得更快、更有效率,完全有可能在截止时间之前完成。

坚持这样做的话,多巴胺的强化学习会通过转移作用,给这类行为带来相同的影响。

<好逗英雄型实验 4>

× 刚计划好一项工作,却着手做了另一项
○ 确定下来的工作要先开个头儿

工作会议结束后,应该马上给会议上确定下来的工作开个头儿。比如,打开 WORD 或 PPT,写下标题或是一行简单的文字,然后给文件命名,保存下来。这样一来,大脑就会认为这个工作已经在"进行中"了。

大脑的前扣带回*、辅助运动区等区域中,保存着一连串动作信息。有需要时,大脑就会从这些区域中调出相关信息,这样就不用重新规划动作了。而这"一连串动作信息"所包含的内容,往往决

---

* 扣带回是大脑的脑回部分,其前部与躯体运动区和躯体感觉区有联系。——编者注

定了你是否会拖延。

如果大脑将会议从开始到结束认定为一个"会议动作串",并储存下来,那么会后整理资料的工作就成了一个新任务。开始一个新任务时大脑必须重新规划动作。因为预测不够明确,而面对不明确的信息,大脑会进行自我保护,就会出现拖延。

相反,如果大脑把"给确定下来的工作开个头儿"也包含在"会议动作串"之中并储存下来,那么大脑对会后工作的预测会变得清晰,也就不会出现拖延了。

我们并不需要一口气把工作做完。开个头儿是为了让大脑对之后的工作有个概念,这就够了。

日常生活中,在晚饭后最容易进行这个实验。

如果你觉得晚饭后刷碗很麻烦,这说明储存在你大脑中的"晚饭动作串"是以"吃完晚饭"为止。你可以试着用下面这个动作串替换掉脑中的旧信息:晚饭后,选一个盘子拿到水槽,洗好擦干,收到橱柜里。

将这一连串动作纳入"晚饭动作串"之中,保存下来。洗好这一个盘子之后,你随便做什么都可以。慢慢地你就会发现,刷碗没有你之前以为的那么麻烦了。

好逞英雄型实验 5

× 开个头儿,然后应付过去
○ **逐一完成每个小任务**

好逞英雄型的人可以通过完成每个小任务时的成就感来克服拖延。所以,有意识地把要做的事情切割成小块,逐个完成吧。

比如,回到家的时候,不要把脱下来的鞋子随便扔在门口,试着在脱下鞋子之后马上将它们摆放整齐。再比如,把敞开的包拉上;吃零食的时候不要直接从袋子里拿,而是装到盘子里;手机用完就放回去充电,等等。试着让自己的大脑清晰地意识到每一个小任务的"完成"。

逐个完成小任务,可以更好地把握任务的整体进度。

如果养成了把握任务整体进度的习惯,当在工作中遇到与手头正在做的事情无关的任务时,我们就不会马上转去处理新出现的任务,而是先把手头的任务做到某个程度再说。

这是因为一口气完成一系列的工作更加节省精力。当任务全部完成之后,我们就不需要始终惦记着一个"只做了一半"的任务。一直记着这些事情可是要耗费大量精力的。

这样一来,我们会真切地感到"神清气爽"。完成了一个任务,心情舒畅，不会过度兴奋，而感到平静。在日常生活中，我们要尽量维持这种轻松又平静的心态。

可能有的人会觉得，这与好逞英雄型实验 4 中"确定下来的工作要先开个头儿"互相矛盾。其实这两个实验的目标相同，都是为了更好地把握任务的整体进度，只是策略不同。实验 4 是将之后要做的事情预告给大脑，而实验 5 是为了防止进行到一半的任务堆积在头脑中牵扯精力。每完成一项任务，就可以减少一个需要考虑的事项，接下来就能轻松地开展下一项工作了。

〈 **好逞英雄型实验 6** 〉

× 在社交媒体上晒自己压线完成了工作
○ **重新定义对自己而言什么是"充实"**

不要把别人的夸奖当作目标，而要以控制自己的行为、成为理想的自己为目标。

如果问深受拖延症困扰的人"你觉得什么叫进展顺利"，很多人都会回答"能按照计划过好一天"。也就是说，变成自己想要成为的样子会让人愉悦，而这正是生活的目的。

相反，拖延时很多人会说"大家都做得到，就我不行""我也想成为行动力强的人"。这意味着，我们会通过与他人比较来评价自己，得到别人的夸奖成了我们的目标。

想要变成自己理想中的样子是内部动机，而想要得到别人的认可是外部动机。

如果一味追求他人认可，那么得到好评时，就会进入一种极端的高代谢状态，干劲儿满满，兴奋异常；而如果得到的评价低于预期，就会陷入极低的代谢状态，充满不安和不满，从而导致懈怠，提不起干劲儿。

产生那种"踩着截止期限完成了工作"的优越感，其实只是因为我们在工作时，交感神经持续处于一种过度亢奋的状态，让"时间紧迫"带来的负面影响与从紧张状态中解放出来的成就感相互抵消了而已。

如果认为这就是"充实"，便会想在与别人聊天时或者在社交媒体上，炫耀自己是那种总能踩线完成任务的人。与他人比较成了工作的动机，完成任务之后晒出去，若是得不到超出预期的评价，就会觉得很空虚。

为了避免这种情况，我们需要重新定义对自己而言什么才是真正的"充实"。试着将"按计划过好每一天"作为目标，大胆试错，重新拿回自己人生的主导权吧！

好逞英雄型实验 7

✗ 虽然很想去工作，但是身体却怎么也动不起来
○ **适度健身，让身体变得轻盈**

临近截止日期才开始处理被拖延的工作时，很多人会说"我总算站起来了"。"总算站起来了"这一说法，会给大脑带来行动困难的暗示，所以我们以后要注意别再这么说了。

语言信息学认为，我们使用的语言会影响我们的行为，使行为变得不稳定。为了保持稳定的行动力，我们需要从加强身体锻炼做起。

据说，坚持运动三周左右，不运动就会觉得不习惯，会有"想要动一动"的想法。当肌肉处于活跃状态时，身体会默认我们需要运动，而与身体感觉相协调的"干劲儿"也会由此产生。

所以，让我们一起打造"轻盈的身姿"来提高行动力吧。腰大肌是用来带动髋关节抬高膝部的，如果这块肌肉的力量下降，我们在日常生活中就会觉得行动笨重吃力。而锻炼腰大肌的训练是非常简单的。

①抬腿运动

在地上放一个纸巾盒，抬腿迈过去。注意抬高膝盖，脚不

要碰到纸巾盒。

想要更大运动量的人，可以用绑带将两条大腿紧紧绑在一起，然后坐在椅子上，用力抬起一条腿，再慢慢放下。

②滑雪动作

坐在椅子上，手肘弯曲九十度，然后身体重心前倾，抬起臀部。

保持这个姿势五秒后，再坐回椅子上，重复这组动作。

抬起身体的姿势保持的时间越久，运动强度越大。

〈 好逞英雄型实验
8 〉

× 以为能完成，直到没时间了才说完不成
○ 及时沟通，尽力去做

提高预测能力，可以抑制大脑因为自我保护而出现的拖延。不仅对你来说是这样，别人也同样需要更好的预测能力来预防拖延。

尽早沟通，不仅有助于挽回损失，还不会影响对方的工作热情，让工作进行得更顺利。如果沟通得太迟，对方的大脑会因为无法预测后面的行为而出现自我保护，对接下来的工作失去热情，导致拖延。如果能提前告知对方，并尽量在变更后的截止日期之前完成工作，后面的计划就更容易制订，也不会让人丧失干劲儿。

不光是在工作上，对和朋友的约定、家人拜托你做的事情，这个做法也同样适用。试着在你觉得可能要迟到的时候马上通知对方，并尽快赶到。试着在工作和生活中，一点一点实践起来吧。

第五章

"偷懒型"

解决策略

偷懒型：一个人的时候容易松懈，从而导致拖延。

偷懒型大脑的特征

偷懒型大脑的人能够在公司、学校等周围有其他人的环境中完成该做的工作，可一旦身边没别人，马上就会沉迷到一些不相关的事情中。这种类型的人如果感受不到旁人的视线或是周围没有其他干劲儿满满的人，就容易偷懒。居家办公时效率很低的人，以及不习惯在家自习的人，往往都有这种倾向。

我们的大脑中有一种叫作镜像神经元的细胞，它可以把看到的别人的动作重现出来。如果你所在的群体工作效率很高，你也会随之高效工作，这就是镜像神经元的作用。

但是，如果过分依赖这种神经系统，就会陷入一种无法独自工作的状态，变得无法自主规划行为。

偷懒型大脑的对策要点

- 不被他人的评价影响。
- 区分自己与他人的行为。
- 比起地点和环境，更应该保持目标一致。
- 成为被别人效仿的对象。

偷懒型实验
1

× 容易偷懒，所以工作时需要身边有其他人
○ **你要明白，你的情绪容易被他人的评价影响**

偷懒型的人容易被别人行动力的高低和有无人监督所影响，而且他们的行为会因为别人的评价而改变。

你要明白，你的情绪会被他人的评价左右。

大脑会预测我们面对某种状况时做出的反应，这就是"情绪预测"。我们总是下意识地预测自己的情绪，而这种预测往往会受到他人评价的影响。

关于情绪预测的研究，我们可以来看一看相亲会上的实验。在相亲会上，大家需要在有限的时间内，通过交谈找到适合发展的对象。结果显示，能够更准确地预测自己与对方的交谈是否愉悦的人，往往不是因为了解对方的个人信息，而是因为清楚对方在他人心中的地位（比如谁最受欢迎）。

也就是说，我们的态度会被情绪预测左右，而情绪预测又基于他人评价，所以我们是将他人的评价当成了自己的态度。

清楚了这个前提，我们就可以主动构筑自己周围的环境，有意识地选择符合自己目标的群体，远离他人评价，不让自己迷失

方向。

比起控制自己的行为，改变环境更容易带来行为上的转变。而且，只要构筑好身边的环境，不仅可以再现理想的行为，还可以让这一行为持续下去。运用元认知能力，注意分辨当前的环境是否符合自己的目标，抢先构筑起理想的环境吧。

⟨ 偷懒型实验 2 ⟩

× 旁边有人的时候才有干劲儿
○ **不是要待在一起，而是要目标一致**

与他人拥有共同的目标是人类特有的一种能力。共同的目标不仅会让我们拥有共同的体验，还会让我们对体验有相同的意识，进而影响我们的行为选择以及与他人的合作。

和别人拥有共同的目标时，我们体内的自律神经之一——腹部迷走神经系统开始发挥作用。这会抑制交感神经系统，避免陷入过高的代谢状态，让身体适度兴奋，这种适度的状态能让交感神经系统更好地发挥作用。

与社交媒体上和自己目标相同的人产生共鸣，接触与自己拥有共同目标的群体，这些都可以让我们知道自己的行为是社会行为的一部分，从而让我们的表现更加稳定。

我们每个人的行为就像一块拼图，是构成整体的一部分。所以，发挥自己的专长帮助团队达成目标的思维方式被称为"拼图法"。

研究表明，公司中业绩非常好的员工往往都不是单打独斗，而是会联合周围的人一起工作。

理解劳动分工，明白自己负责的是整体工作中的一部分，就可以缓解因为别人与自己的工作方法不同而产生的焦虑。为了更好地推进工作，思考一下自己承担的角色，试着有意识地将自己的能力倾注到需要的地方吧。

偷懒型实验 3

× 如果不拖延，就能成为优秀的人
○ **以自己是否感到充实为评价标准**

将不拖延作为目标，会容易陷入与别人的攀比。

"我总是容易懒怠，是一个不合格的成年人。我都不好意思和别人讲我是怎么过周末的，好想变得像其他人一样啊。"

如果你也有上述烦恼，这说明你正在拿自己和一个非特定的对象、一个臆想出来的人进行比较。这个人就是你认为自己应当成为的样子，不论你是听别人说的，还是在电视剧里看到的，又或者是在小说里读到的，总之，你认为所有人都理应如此。这个臆想出来的人无法给予我们任何感官数据，没有数据，大脑就无法规划相应的行为，我们自然也就无法行动。

我们要戒掉拖延的毛病是因为不想因为可能出现的问题而止步不前，是一种对自己的体贴，而不是为了让别人或者那个并不存在的人满意。

盲目地与他人比较，会忽视自己真正做了什么。所以，试着重新设定自我表现的评价标准吧。

我们的日常生活中存在某些关键事件，只要能完成，我们就会觉得日子还算充实。比如，早早起床；好好泡个澡；自己动手做晚饭；衣服晾干了马上收进衣柜，而不是堆在一边；要扔的东西马上扔，不堆在桌子上；等等。

没能完成关键事件时，就说明你把注意力放在别处了。虽然自己有些懒散，但关键事件做到了，也会得到相应的满足感。我们可以调整行动路线和日程安排等外部环境条件，以便顺利完成自己的关键事件，确保行动效率。

偷懒型实验
4

× 因为没好好工作的同事而生气烦躁
○ 神经活动对错误的行为更敏感

在一个实验中,研究者让实验对象观察机器人的动作,然后监测实验对象的镜像神经系统会有怎样的表现。结果显示,他们的镜像神经系统在机器人做出不那么自然的动作时,表现得更为活跃。

不仅是机器人,在观察人类活动时,我们的镜像神经系统也会有相同的表现。比如,如果让曾经打过棒球或篮球的人观看棒球或篮球比赛的录像,他们的镜像神经系统会对球员的失误作出非常剧烈的反应。

因为当我们预测的动作与别人实际做出的动作不同时,我们就不得不对自己进行修正,所以镜像神经系统会表现得异常活跃。相反,当预测与实际一致时,镜像神经系统就不会那么活跃。

也就是说,越是与平时不同的动作,越容易引起大脑的注意。

所以我们要清楚,当我们生活在集体之中,以别人的行为为参照时,我们的注意力往往会被做得没那么好的人吸引。

我们不仅会被别人的行为影响,别人的感觉也会对我们产生影响。实验表明,当你看到别人的脚被触碰时,虽然被触碰的不是自己的脚,但是大脑中的次级躯体感觉皮层也会变得活跃。这意味着,如果你看到一个人在工作时体态很差,你的大脑会把那个人工作时的感觉一起再现出来。所以,为了不让我们的大脑被他人的不良动作侵占,工作时,我们应当把自己的感官信息传达给大脑,比如,收紧臀部,避免跷二郎腿或者驼背。

我们工作时的体态会影响大脑的运转。数字化办公对姿势没有限制,什么姿势都可以,但是不良的体态会让大脑中负责拦截无用信息的前扣带回停止工作。这时,当你看到无用的广告和垃圾邮件时,就会因为冲动而被这些无用的信息吸引注意力。

所以,请注意收紧臀部,把无用的信息拦截在注意力之外吧。

⟨ 偷懒型实验 5 ⟩

× 把用过的餐具都先放到水槽里
○ **不要把锅单独放在水槽里**

在公司上班时偷懒会被领导骂,但是在一人独居的家中,家务活什么时候做、怎么做,都是自己说了算。衣服穿出去会被别人看到,所以有人会因此认真洗衣服,但是在打扫房间、刷碗之类的家务上,是很容易拖延的。关于打扫房间,大家可以试试本书第40页的基本实验9。

当你看到堆积的灰尘和堆放在水槽里的盘子时，可能脑中会出现"回头再说"的念头。对大脑而言，"回头再说"的准确含义是"不知道会怎么样"。未知的事情往往风险比较高，身体会本能地回避。

这种类型的拖延与视觉信息，特别是有关空间分布的视觉信息关系紧密。水槽里放的东西越多，大脑越容易觉得风险高。尤其是水槽里放着锅的时候，虽然东西不多，但是看上去很满。还有，水槽里放着比较大的盆或者盘子时，因为可以往上面摆很多碗碟，也会显得东西很多。

只要不让堆积的盘子看起来很多，就能改变传递到大脑的信息。所以，我们只需要注意，不要把锅放到水槽里。用锅烧完菜，盛到盘子里，然后马上刷锅、擦干净、收进橱柜，仅此而已。这样一来，水槽里的东西看上去明显减少了，大脑会认为风险不高，从而就能让你免于站在水槽前手足无措。

没了那些大锅和大盆，饭后马上刷碗也就没那么痛苦了。甚至可以先洗个澡，然后再把待刷的碗盘轻松解决掉。

偷懒型实验 6

× 挽回损失
○ 以分享为目的

上培训班或者考资格证等,对于这些在别人影响下开始做的事,我们往往会慢慢失去兴趣,该交的作业也不交,甚至懒得再去。这时,我们就需要重新审视自己的动机。

原本是感兴趣的事情,现在却让你倍感压力,这是因为你陷入了"挽回损失"的思维定式。因为花钱了,所以必须好好学,这是"强加"给自己的要求,是一个被迫接受的任务。面对别人(其实是过去的自己)强加的要求,我们担心完不成就会受到惩罚,于是回避风险的交感神经系统会变得异常兴奋。然而,交感神经系统的活动会消耗大量能量,无法长期保持兴奋状态。一个月左右,交感神经系统就会变得迟钝,之前受到交感神经系统抑制的背部迷走神经系统开始占据主导。

当我们面对无力承担的任务时,背部迷走神经系统为了优先保证我们生命的存续,会引发冻结反应,让身体处于一动不动的待机状态。"虽然知道非做不可,却怎么都动不起来",总是提不起干劲儿就是由于冻结反应造成的。

因为过去的自己强加要求，现在的自己不知所措，这很正常。但是，自己当时并不是为了给未来增加负担才开始上培训班或备考资格证的，大多时候是因为渴求某种社会联系，比如，想结识拥有共同目标的朋友，或者想融入学霸的圈子。

当初的动机是与别人分享共同的经历和知识，这些会让背部迷走神经系统变得活跃，进而抑制交感神经系统的活动。这时的你心率平稳、呼吸正常、工作高效，而且代谢不高，可以长期维持这种状态。

所以，试着把信赖和分享作为你的动机吧。时不时问问和你一起听讲座的朋友进度如何，和别人一起行动，这些对于改善倦怠状态十分有用。与苛求"一定要挽回损失"的自己相比，把分享作为目的一定会轻松许多，你也会更有动力。

当下的感觉会矫饰过去的记忆。如果身体一直不动弹，大脑就会认为"我坚持不住了"，认定自己是"不能成事的人"。让动机回归初衷，用实际行动改变大脑的感受，过去的记忆也会随之发生变化。

第六章

"单一任务型"

解决策略

单一任务型:一直专注于一件事,其他的事情都被拖延。

单一任务型大脑的特征

单一任务型的特征是,明明有很多待做事项,但是注意力只能集中到一件事情上,其他的事都被拖延。如果能依照正确的优先顺序处理,自然没有问题;但是如果不能随机应变地调整工作顺序,就只盯着一件怎么做都做不完的事,最后就会落得什么都没做完的下场。

先放下眼前的工作,做完别的工作之后,再继续刚才的工作时,之前的记忆被唤醒,这个功能被称为"短期记忆"。短期记忆是我们维持日常各种工作的重要功能,但有时,短期记忆力会变差。

短期记忆力差的话,就不能发现多项工作之间的关联,无法排出正确的顺序,导致我们会从一件并不适合开头儿的事情开始做,或者无法继续之前中断的工作。

单一任务型大脑的对策要点

- 按时间划分任务。
- 详细地报告进度。
- 简化工作步骤。
- 不向自己过度施压。
- 不要总是对垃圾、杂物视而不见。

> **单一任务型实验**
> **1**

✗ 一旦开始，就想做完
○ **按时间划分任务**

单一任务型的人往往会在埋头工作时忘记时间，这会让大脑难以预测接下来的行为。所以，过度沉迷当前的工作会导致其他事情的拖延。要想改善这个问题，就需要调整工作计划，学会合理分配工作时间。

可以试一试规定自己在某个时间点之后绝对不做其他事，有目的地限制自己分配时间的自由。

知道下一项工作什么时候开始和知道手上的这项工作需要多久完成，哪个更方便你制订计划呢？

对大脑来说是后者。知道完成一项工作所需要的时间，更方便制订计划。回顾我们的日常生活就能发现，只知道每个行为的开始时间的话，很难制订后续工作计划，也就容易导致拖延。

试一试在安排日程的时候，把开始时间和结束时间都写进去。不过是在安排日程的时候多加一行，这很容易做到。写完之后付诸行动，你会发现有时实际完成的时间与预计的时间不一致。然后，下次安排日程的时候，记得修正一下预计的所需时间。

当能够比较准确地预估每个行程所需要的时间之后，你可以把这个技巧运用到平时的工作上。把"距离出发还有些时间"改变成"这件事用 × 分钟完成"，这样就可以真正地掌控自己的时间了。

单一任务型实验 2

✗ 给别人看不完美的东西很丢脸
○ **工作完成两成之后及时汇报进度**

单一任务型的人容易陷入写邮件和写资料的工作陷阱。日常联络和报告等工作都要靠邮件往来，但这不过是工作的一个环节，大多数人都有其他更重要的工作要做。

我曾经接待过这样的咨询者："斟酌邮件的措辞很花时间。写到一半的邮件会自动保存到草稿箱，结果我发现自己草稿箱里有大量的邮件。"

要知道，没有人能把工作做得完美无瑕。你把邮件写得再好，也不会让你的项目提前完成。即使你的邮件写得近乎完美，但单靠文字信息还是不能精准地传达意图。

同样，花费大量时间准备资料，结果徒劳无功，这种情况很常见。要承认这是"一个人没办法完成的工作，必须和别人一起做"，在你做完两成工作之后,先发给对方看看。

害怕出错或者追求漂亮的排版,会消耗大量的时间,越是力求完美,就越痛苦。你需要意识到,之所以陷入这样的局面,是因为你在被外部动机驱使,以争取他人的好评为工作目的。

拥有共同的目标、相信彼此在朝着目标一起努力、清楚自己在社会中的定位,这些认知十分重要。抛开确保自己优势地位的想法,可以让腹部迷走神经系统变得活跃,让大脑和身体处于最佳状态。

另外,一个人考虑问题时往往有局限,很难发现自己的思维误区,这种现象被称为"定势效应"。预防定势效应,需要我们从元认知的高度审视自己,不过,其实只要问问他人的看法,就可以轻松解决这个问题。

单一任务型实验 3

× 花大量时间准备资料
○ **试着只做一页**

单一任务型的人会非常在意排版、措辞等细节,导致他们总是有准备不完的资料。

试着问问自己必须要表达的点是什么，然后准备一份只传达关键点的资料。

不要试图寻找精巧的辞藻，不要在打磨词句上消耗过多精力。当我们把注意力放到保持字体一致、用空格对齐段首时，往往会忽略内容。手写的话可能不会注意到这些细节，但越是使用功能齐全的电子设备，就越是容易在意这些细节，从而让不必要的工作变多。

单一任务型实验
4

✗ 好不容易开始了，停下来太可惜
○ 中途做点别的事，反而可以加深理解

给准备资料或者看资料等工作规定时间可能会让人觉得有点可惜，因为注意力好不容易集中起来了，再转头做别的很不甘。这时可以试试交替学习法，即在学习的过程中穿插不同的学习内容，让学习变得多样。

还可以试着改变自己的学习方式。比如，看了资料之后和别人聊一聊，或者在社交媒体上写一写感想、输出自己的想法、进一步深入研究引发关注的关键词，等等。这个实验的诀窍是要有自己的观点输出。输出的观点得到反馈,可以帮助我们修正不恰当的想法,下次接收信息时我们的理解就会发生改变。

比起一个人默默地反复学习,不如试着掌握科学的学习方法,在学习的过程中输出自己的想法。

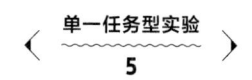

<单一任务型实验
5>

× 一看报纸就忘了时间
○ **限定获取信息的门类**

"不把报纸全部看完我就不踏实,但全部看完的话睡得就晚了。没看的报纸积攒多了,我就会觉得'哎呀,报纸都成堆了,必须得看呀',不然会觉得对不起没看的报纸。"

像上面这段描述一样,单一任务型的人倾向于在收集信息时追求"穷尽"。

在看报纸、浏览新闻网站、看电视节目上花费大量时间,导致工作和家务堆积,睡得越来越晚。

获取信息似乎成了一项不得不完成的"任务"。我问他们为什么不得不这么做,他们是这样回答的:"因为不全部看完就等于没看。"

动物获取信息原本是为了改善自己的行为,那些能够反映到行为上、能回避风险、提高存活率的信息才算是信息。认为不完全掌握信息就等于没有获取信息的想法，让获取信息本身成了目的。进一步深挖，我们会发现，这个想法的深处有着对他人评价的惧怕，如果别人知道而自己不知道的话会觉得丢人，不想因为不知道而丢脸。

过于在意别人的评价，获取信息就从手段变成了目的。在有限的生命里，我们没有必要把精力花费在别人的评价上。试着给自己限定，需要了解的信息不超过三类，只看这些信息。这样一来你会发现，即使不知道其他信息也完全没有问题，进而找回自己行为的主导权。

单一任务型实验 6

× **房间很乱，无动于衷**
○ **细分时间，积极行动**

"要搁以前，我绝对忍不了桌子上堆着懒得扔的零食包装袋，但现在我无所谓了。我对这样的自己无能为力，感觉越来越没有干劲儿了。"

很多单一任务型的人都是这样，明明是以前很在意的事情，却渐渐变得无动于衷。

忙得顾不上其他事，这说得一点都不夸张。事实证明，过度忙碌确实会让人的有效视野变窄。为了避免陷入危险，我们会把精力集中到一点上，所以会出现这种情况。度过危机之后，这个状态就会解除，但是如果交感神经系统过度活跃，会出现慢性视野狭窄。

出现慢性视野狭窄之后，交感神经系统被持续消耗，对背部迷走神经系统的抑制作用减弱，背部迷走神经系统占据主导地位，导致冻结现象，身体僵硬，难以行动，我们就只能等着这个状态过去。

例如，"收拾房间之类的家务，总是说注意到了就随手做，可是累的时候我就会当没看到，久而久之我的眼里就总是看不到这些家务了"。这种"就当没看到"的心理活动就是冻结现象。出现这种现象后，代谢再次提高，完成这些家务会变得非常困难。

我们可以尝试事先阻止交感神经系统活动的慢性化，预防冻结现象。

导致交感神经系统活动慢性化的是无纸化办公。我们在使用电脑、平板电脑、手机等电子产品工作时，可以把时间分割成 5 分钟、15 分钟、30 分钟，或者最长 90 分钟的时间段，在两个时间段的间隙里穿插一些需要动手的工作。

事实证明，我们持续思考一件事的极限是 4 分半；每 16 分钟可以思考一次该做的事；保持同一个姿势 30 分钟会让大脑的血液流动停滞；脑力工作的极限是 90 分钟。

试着在这些时间点上起身离开座位。这样就能改善因为交感神经系统不活跃而导致的视野狭窄，之前看不到的东西会重新进入你的视野。这时，就可以把之前看不到的家务解决掉了。

之前看不到的东西突然进入你的视野，意味着大脑和身体可以应对了。就像第40页中提到的，当这些东西进入视野，语言路径自然就被行动路径替代了。

一旦行动起来，我们会自然而然地开始思考是不是还有什么东西没收拾好。收拾好明明在意但被忽略的垃圾，对大脑来说是意料之外的回报，所以"收拾"的动作会被强化。在做家务时，偶尔会灵光一闪，获得工作灵感。因为当我们的身体动起来的时候，大脑的默认模式网络开始工作，纷乱的思绪被整合起来，必要的信息联结在一起，于是灵感就出现了。

不经意间发现"垃圾"时和有意识地打开视野看到"垃圾"时，我们身体的能动性是截然不同的。有意识地打开视野发现"垃圾"时，这个发现会带来回报，所以我们往往会直接动手收拾。所以，试着有意识地引导自律神经的活动，可以预防身体出现冻结现象。

第七章

"求表扬型"

解决策略

求表扬型：没有表扬就没有干劲儿，从而导致拖延。

求表扬型大脑的特征

求表扬型的人做事时，干劲儿的高低取决于回报的多少，如果对回报预期较低，就会出现拖延。另外，有的人因为想要取悦别人才做了某件事，但没能得到预想的反应，于是便泄了气，这样的人也属于这一类型。

如果习惯将行为的动机与回报绑定，那么回报就成了行动的目的。多巴胺会让我们为了得到回报而努力，得到意料之外的回报时，会分泌大量的多巴胺。接下来的工作中，在预想自己会得到什么回报时，多巴胺会开始大量分泌，但完成任务时则不再分泌。此外，如果我们没能得到预期的回报，多巴胺水平会显著低于平时。于是，没有奖励就拖延的行为模式就形成了。

求表扬型大脑的对策要点

- 意识到自己对褒奖的依赖。
- 改掉坏习惯，克服成瘾行为。
- 不要以竞争为动机，要以分享为动机。
- 明确自己在社会工作中的定位。

求表扬型实验 1

× 努力工作之后寻求奖励
○ **没有奖励,就没有干劲儿**

求表扬型的人面对必须要做的事情时,会先给自己安排一个奖励,他们首先想到的是"完成这件事之后会如何"。但是要注意,这里有一个陷阱,那就是"如果得不到奖励,工作就没有干劲儿"。

如果得不到预期的回报,多巴胺会停摆。通常,多巴胺以每秒三至五次的频率发挥作用;兴奋状态时,会提高到每秒二十至三十次。然而,当我们得不到预期的回报时,多巴胺就会停止发挥作用,于是干劲儿会变得比平时还要低。

况且,你此时此刻想要的东西,未必和任务完成之后想要的一样。

比如,你想给孩子准备生日礼物,问了孩子想要什么,在孩子的生日前准备好了礼物。但是,到了他生日当天,你把事先准备好的礼物拿给孩子时,孩子却说"我想要的不是这个"。

这种现象被称为"即时倾向"。有这样一个关于即时倾向的实验:询问实验对象一周后想吃水果还是想吃零食,一周后,让原先回答想吃"水果"的人在巧克力蛋糕和苹果中做选择时,结果选蛋糕的人更多。

实验表明，我们当下无法判断，现在想要的东西和将来想要的东西是否一致。

这样看来，思考完成任务之后要什么奖励不仅浪费时间，还可能因为没有得到预期的回报而丧失干劲儿。

求表扬型实验 2

× 想要更多惊喜和刺激
○ 思考一下对自己来说什么才是回报

我们努力完成一项工作之后，有时会得到额外的奖金或者是领导请客吃饭之类的意料之外的奖励，这些奖励会让我们一时之间变得特别有干劲儿。然后，给自己安排下次奖励时，多巴胺会增多。在你决定"完成这项工作之后，我就能……"的那一刻，多巴胺的分泌达到峰值。然而，当完成工作领取回报时，多巴胺则不再分泌。

也就是说，多巴胺带来的干劲儿，只会出现在得到意料之外的奖励时，而这股劲头不会出现第二次。

为了不让意料之外的回报只带来一时的士气高涨，我们需要重新客观地审视一下我们得到的意料之外的回报。

分析一下意料之外的回报,我们可以更清楚对自己来说究竟什么才是回报:是平时不会夸人的领导夸奖了自己?还是自己的行为得到了某人的肯定?抑或是自己做的事对别人起到了帮助?通过分析,我们会明白自己的源动力究竟是什么。找到了自己的动力之源,有意识地创造满足要求的环境,就能让自己提起干劲儿了。

求表扬型实验 3

× 工作烦了就转换一下心情
○ **不要执着于一项工作,可以经常换换**

求表扬型的人尤其难以抵挡"转换心情"的诱惑。不少人会在努力工作之后,把放松一下、转换心情当作对自己的奖励。

然而,转换心情的时间点十分关键。

如果在注意力持续高度集中一段时间之后,放松下来转换心情,那么转换心情的行为会被强化。这就是多巴胺的作用。

努力坚持,实在做不动了,于是做点别的事。这时,注意力就会转移到新刺激上,多巴胺增多,对新刺激的期待变得更高。也就是说,原本只是想稍微放松一下,结果却沉迷于另一个行为,无法将注意力转回该做的事情上。

对于这种情况可以试着有策略地将工作分割成小块儿。比如，用秒表记录转换心情所需要的时间，做做蹲起之类的运动，活动活动身体，然后回到之前的工作中。

放松心情之后再回到之前的工作，因为是做顺手了的工作，所以更容易制订计划、顺利推进。通过转换心情切换大脑的工作模式，重新开始工作时更容易有灵感，工作能比预期进展得更顺利。而这作为意料之外的回报，可以促进多巴胺的分泌。这样一来，我们对该做的事的注意力和期待都会提高。

求表扬型实验
4

× 努力兼顾多项工作
○ 一次只做一件事

了解一些控制成瘾行为的极端案例，可以帮助我们学习如何掌控自己的行为。

对赌博和药物等事物上瘾，就是求表扬型的极端案例。有研究者指出，这些成瘾行为往往伴随短期记忆力的下降。相反，提高短期记忆力可以减少成瘾等不良行为的出现，这一点近来已经得到了证实。

在实验中，接受药物依赖矫正治疗的患者通过训练短期记忆力，冲动行为显著减少。相比更远大的目标，只着眼于当下较少回报的成瘾行为减少了50%。也就是说，短期记忆力训练对矫正成瘾行为很有帮助。

我们在日常训练自己的短期记忆力时，要注意避免多线工作，让大脑一次只做一件事。

坚持一次只做一件事，可以让我们在面对临时出现的其他任务时保持集中的注意力，将新任务暂时存放在大脑的角落里，先完成眼前的任务。这就是对短期记忆的灵活运用。如果多任务并行，任务数量超过了大脑的存储容量，短期记忆就无法发挥功能，每出现一个任务都会分散一部分注意力。

学习掌控自己的行为，从给自己规定单一任务做起吧。

⟨ **求表扬型实验** ⟩
5

× 干劲儿来了就什么都想做

○ **情绪高涨时，要有意削减任务量**

求表扬型的人在充满干劲儿时，容易同时做很多事。

"我之前一直拖着没报税，决定完成报税就奖励自己下馆子之后，突然充满了干劲儿，一鼓作气报完了税。然后情绪依旧亢奋，之前犹豫要不要报名的讲座也报了名，回家之后又马上开始收拾房间……"

然而，两周之后："晚上洗澡好麻烦，所以我就一直躺着吃零食。我还发现自己最近做什么都嫌麻烦，吃饭也好洗澡也罢，都是敷衍了事。"

在多巴胺带来的高代谢状态下，情绪越亢奋，能量消耗就越大，行为表现十分不稳定。求表扬型的人总是预先给自己安排好奖励，也就容易重复这个大起大落的过程。

提高短期记忆力，可以改善情绪剧烈起伏的情况。事实证明，短期记忆力强的人，不会轻易受到外部刺激的影响，可以避免视觉和听觉的干扰，更好地坚持完成工作。

正如前文所言，为了让大脑发挥最佳性能，兴奋程度既不能太高也不能太低，需要居于适中的水平。短期记忆力也是一样，任务过于单调或者过于复杂都不利于短期记忆力。

能帮助求表扬型的人轻松提高短期记忆力的方法是：在干劲儿高涨的时候，有意减少一件待做的事。

当你"这个也想做，那个也想做"的时候，记得告诉自己，现在的你过于兴奋，之后就会懒得动弹。有目的地推迟一件事，可以让大脑有更充足的空间，避免能量的消耗，这样还能减少劲头消退后情绪低迷的情况。从整体上来看，行动力得到了提升。

求表扬型实验
6

× 反正是奖励，要什么都可以
○ **完成工作后，起身活动一下，神清气爽**

可能对有的人来说，只有奖励才能让他们提起干劲儿、改善现状。

但是，有些东西是绝对不能拿来当作奖励的。比如"上网冲浪"或者"漫无目的地看电视"等，这些获取不必要信息的行为不能作为奖励。

完成一项艰巨的工作之后，大脑内部会形成新的神经元。如果这时因为完成工作的成就感而一直处于兴奋不已的状态，该休息的时候不休息，大量浏览信息寻求刺激，新形成的神经元会因为一直处于兴奋状态而过度活跃。

然而，如果这种兴奋受到行为刺激，神经就会变得疲惫，进而陷入极端低迷的状态。明明昨天夜里还情绪高涨，到了早上却累得不行、提不起干劲儿，就是这个原因。

要解决这个问题，我们需要用到 γ-氨基丁酸能神经元（GABAergic neuron）。当脑中形成新的神经元时，为了不让它过度兴奋，会出现一种抑制神经活动的神经元，这就是 γ-氨基丁酸能神经元。

我们在活动身体时更容易分泌这种神经元,所以当你情绪高涨时,不要上网,起来活动一下。做做拉伸、蹲起、瑜伽等运动,可以让自己在情绪高涨时集中注意力,在完成工作之后神清气爽。

求表扬型实验 7

× 上网舒缓压力
○ 善用互联网,学会分享

求表扬型实验6中提到的"上网冲浪"或者"漫无目的地看电视"不仅无法舒解压力,相反,还会增加压力。

当我们做不了自己特别想做的事,或者见不到想见的人时,腹部迷走神经系统无法抑制这些因为压抑而产生的压力,交感神经系统会过度兴奋,让我们变得焦躁不安,甚至会具有攻击性。

上网冲浪并不能缓解这些压力,也不会让心情变得舒畅。相反,我们还会因为网上的新闻或是网友的言论而生气,或者一直盯着有没有人给自己发的动态点赞或评论,从而深陷社交媒体带来的疲倦里。

这时,我们需要遵照神经系统的规律,善用互联网。

试一试在听了讲座或是看了能引起共鸣的文章和视频之后,

加入一个和自己具有共同兴趣爱好的社群，及时与他人分享自己的感受。

与他人分享或是找到与自己拥有共同目标的人，可以激发腹部迷走神经系统的抑制作用，排解压力。

在社会中找到属于自己的位置，这就是"社会化"。有人指出，与线下面对面的交流相比，在线上更难实现社会化；但同时也有人指出，在网上，即使相隔很远的人也能互相分享想法和目标，比真实世界更容易建立人际关系。

试着在网络上自主选择信息，构建自己的社交圈吧。

第八章

"嗜睡型"

解决策略

嗜睡型：没有精神，百无聊赖，从而导致拖延。

嗜睡型大脑的特征

嗜睡型的特征是，做什么都觉得麻烦、对任何事都提不起劲儿，甚至在严肃紧张的场合都提不起劲儿。其原因是睡眠不足，或者说是由于睡眠质量不高而导致大脑兴奋程度过低。

大脑兴奋程度过低的话，吃饭、洗澡等日常生活行为都会变得很麻烦。有时甚至会在工作的时候睡着，或者原本没打算睡觉却不知不觉睡着了。这并不是因为累了需要睡觉，而是由于大脑兴奋程度的高低与所处的场景不匹配。这一类型的人需要在适当的时间点上，重新将大脑的状态与场景匹配起来。

嗜睡型大脑的对策要点

- 提高睡眠质量。
- 及时补水。
- 下午两点到三点的时间用于专注思考。
- 留出时间，输出观点。

嗜睡型实验

1

× 为了不拖延而熬夜赶工
○ 好好睡觉，调整大脑

不少人会在白天一直拖延，到了晚上想起来"不能再拖了"，于是熬夜工作。但是，熬夜反而成了拖延的原因。

睡眠不足时，小脑扁桃体会变得兴奋。平时，小脑扁桃体在脑前额叶的抑制下正常工作，但睡眠不足时，脑前额叶的抑制作用会降低。

如本书第49页中介绍过的，小脑扁桃体在受到刺激时，会立刻判断出这种刺激对自身是否有害，并将身体调整到可以对抗伤害的状态。小脑扁桃体如果过度兴奋，就会对刺激表现得非常敏感。

比如，同屋的室友砰的一声把门关上了，你可能会在心里嘀咕：室友是不是觉得你一天到晚什么事儿都没有，究竟在做什么？如果把别人的一言一行都当成对自己的指责，即便外界其实对你并没有什么看法，你仍然会感到巨大的压力。为了避免不必要的压力，我们需要让小脑扁桃体保持正常的状态，而调整睡眠就是最快捷有效的方法。

睡眠是将脑力活动作为工作成果原封不动地展示出来的现象。

与我们在白天的行为相比，睡觉时既没有意识，也没有记忆，虽然睡觉的人是自己，但我们很容易把睡眠和自己剥离开来。因此，我们可以利用元认知，诱导大脑好好地进入睡眠，而剩下的事就可以交给大脑了。

睡眠障碍门诊会为有睡眠问题的人提供帮助，引导我们观察自己的睡眠变化，学会相应地调整行为。

随着睡眠状况的改善，元认知能力会提高。元认知能力提高后，白天的拖延行为也会随之减少。

可能很多人认为"睡觉"就是"休息"，但其实，睡觉可以有效地将大脑调整到最合适的兴奋状态，是改变大脑状态的有效工具。

任何人都可以马上开始调整睡眠，睡眠改善之后，大脑状态的变化也非常明显。

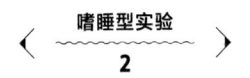

⟨ 嗜睡型实验 2 ⟩

× 精神高度集中时顾不上喝水
○ **每小时补充 180 毫升水分**

如果你感到头脑呆滞、无法集中注意力，这说明你很可能正处于脱水状态。因为戴着口罩，可能注意不到口渴，或者因为注意力高度集中在工作上,顾不上补充水分。大脑依靠血液运输养分,而脱水会降低血液的运输能力。

为了维持大脑供养的稳定,我们每小时大约需要 180 毫升水分,也就是一杯水的量。当你无精打采地浏览网页时,可以合理猜测一下自己是不是脱水了,然后起身喝水,补充水分。再回到座位上时,你会发现心情变得不一样了。与其等着自己状态变好,主动把养分运送给大脑可以更快地集中注意力。

嗜睡型实验 3

× 长时间坐着工作
○ **运动和工作交替进行**

一直坐着不动的话,我们容易出现困意和烦躁感,让工作效率变低。

事实证明,运动可以提高大脑的兴奋程度,帮你集中注意力并缓解压力。所以,可以试着每 30 分钟运动一会儿。

居家办公犯困时,如果不及时采取措施,就会陷入一种恶性循环:强忍困意,迷迷糊糊睡着,醒来之后依然很困,一直发呆、走神儿,到了晚上没有睡意、入睡困难,睡眠质量很差,第二天工作时又开始犯困。

要想摆脱这种恶性循环,应该主动调整自己大脑的兴奋程度,试着稍微运动一下吧。

做 5 次蹲起之类的轻微运动,可以让神经递质多巴胺的分泌增多。多巴胺会大范围地作用于脑前额叶,提高大脑的兴奋程度。同时,还会抑制大脑多余的神经活动,集中注意力。

事实证明,长时间坐着工作时,大脑的血液流动每 30 分钟会停滞一次。如果大脑的营养供给停滞,我们的工作效率自然会变低。

所以,以 30 分钟为单位切割工作,每 30 分钟起身做 5 次蹲起,然后继续工作。重复这个过程,可以在保证工作效率的同时抵挡困意。

嗜睡型实验 4

× **勉强自己早起**
○ **适应现在的起床时间**

为了让大脑彻底清醒,需要注意睡眠与清醒之间的状态切换。

一天有 24 个小时,但一天是从几点钟开始的,每个人都不尽相同。从几点到几点算作一天，即什么时候醒着、什么时候睡觉，每个人的情况都不一样。起床、睡觉，这种每天都在重复的周期中的一部分被称为"位相周期"。当睡眠时段提前，我们比平时起得早，这被称为"位相周期前移"；而当我们熬夜晚睡，早上赖床，则被称为"位相周期后退"。

如果想养成早起的习惯，你需要做的就是"改变位相周期"。改变位相周期有固定的方法，不了解方法而盲目改变位相周期是不会成功的。不管不顾地定一个早上5点的闹钟，绝不可能让你成功地在5点起床。

改变位相周期需要以下三个步骤：

①固定位相周期
②强调振幅幅度
③变动位相周期

让我们一起按照下面的实验方法，试着调整位相周期吧。

①固定位相周期的实验——
保证5个小时的核心睡眠时间

首先，回顾一下你一周的睡眠情况，看看自己大致几点睡觉、几点起床。一周中，不论工作日还是休息日，你都处于睡眠状态的时间段被称为"核心睡眠时间",也就是指在一周中,最晚入睡的时间点到最早起床的时间点之间的这段时间。比如,你在工作日每天晚上12点左右睡觉,早上7点起床;而在周末,凌晨4点至中午12点你在睡觉。这时,你的核心睡眠时间就是早上4点到7点之间的三个小时。

核心睡眠时间过短的话,睡眠和清醒之间的差别就会很小。这个差别被称为"振幅"。振幅过窄的话,晚上就会睡不踏实。如果你在这种状态下想要将位相周期调整到"早上5点起床",也许闹钟响时能起得来,但你马上就会躺下睡回笼觉。

为了固定位相周期,核心睡眠时间至少需要5个小时。在上面的例子中,你为了弥补工作日的睡眠不足,周末白天补觉,导致你在核心睡眠时间之外的时间睡觉,白天困意很重,晚上却感觉不到困意。不论你的生活作息多么不规律,都会有那么一段时间一定是在睡觉的。可以先试着利用休息日,尽量保证在那个时间段睡觉,让自己的核心睡眠时间变长一点。

同样,也肯定存在一段时间是你绝对清醒的。就算是周末补觉,也要规定自己最长可以睡多久,超过那个时间就不要继续睡了,给睡眠时间定一个上限。白天尽量不要小憩或打盹,即便打盹,也要控制在30分钟之内。

②强调振幅幅度的实验——
调节光线和体温

首先要保证核心睡眠时间在5个小时以上,接下来,为了让自己可以在这段时间里睡得踏实、起床后能神清气爽,我们需要明确睡眠与清醒之间的状态切换。为此,需要用到的生物钟有以下两个:

基于褪黑素的生物钟:褪黑素决定了一天的长度,通过调节光线的明暗可以改变由褪黑素形成的生物钟。早上醒来后,来到距离窗户一米的地方,让大脑接受光照。在距离窗户一米的地方活动活动,或者在阳台上晒一会儿太阳,可以减少体内的褪黑素。褪黑素会在傍晚光线变暗时增多,直至我们感受到困意,并在我们入睡三小时后达到峰值。这个增减范围就是褪黑素的"振幅"。早上利用强光减少的褪黑素越多,晚上分泌的量就会越多;晚上通过营造黑暗的环境刺激褪黑素分泌得越多,第二天早上褪黑素就越容易减少,有助于使我们在固定的时间醒来。尚未调整位相周期时,可能你有时直至中午才起床。不必拘泥于早上的光线,不论什么时间,试着在醒来之后站到距窗户一米以内的地方晒晒太阳,并且在晚上睡觉前三小时左右,有意地把光线调暗。

基于深度体温的生物钟:深度体温是指人体内部脏器的温度。人的内脏温度越高,精力越充沛;温度越低,就越容易犯困。深度体温在起床 11 个小时后达到峰值，然后开始下降；在起床 22 个小时后达到谷值。为了强调这个起伏变化的幅度，我们可以在起床 11 个小时后，试着做一做蹲起等拉伸运动，5~10 次的轻度运动就足够了。关键是运动的次数，一周应该坚持运动 4 天以上。

如果可以控制早晚的光线和傍晚的体温，我们就能在入睡前感受到哈欠连连的困意。如果一周中有 4 天以上能在入睡前感到困意的话，那么睡眠质量就会有所提升，醒来时会感到神清气爽、身心畅快。

这样才算是完成了位相周期前移的调节。

③调整位相周期的实验——
根据实际的起床时间定闹钟

不要把闹钟定成你根本起不来的时间，定一个你起得来的闹钟，然后渐渐习惯早起。为了起床，大脑会在起床前三个小时开始准备进入高代谢状态，如果闹钟在这个准备过程中响起，就会干扰大脑的工作，让你没办法干脆地起床。

如果前一天的起床时间是上午 10 点，那么就试着在今天晚上定一个 10 点起床的闹钟，心里默念三次"我要 10 点起床"之后再睡。自我强调起床时间，可以促进"皮质醇"——一种为起床做准备的荷尔蒙的分泌，让你变得更容易醒来。明确睡眠的结束时间，可以帮大脑从低代谢状态向高代谢状态转变。这样一来，第二天早上 9

点 50 分左右你可能就会醒。于是，第二天晚上你就可以定一个 9 点 50 分的闹钟。如此这般，以分钟为单位，根据实际的起床时间定闹钟，可以让你渐渐习惯早起。

<　　嗜睡型实验　　>
5

× 强行按时间睡觉
○ **只要困了，就早睡几分钟**

就算只是单纯的睡眠不足，也会引起小脑扁桃体和海马体的不适，导致拖延。"累积睡眠法"可以帮助我们在忙碌中挤出睡觉的时间。

假设，你平时一直在晚上 12 点睡觉，今天晚上你 11 点 45 分就睡下了。虽然只多睡了 15 分钟，但这样持续一个月的话，你一共可以多睡 7 个半小时。

想要规律的睡眠时，我们往往容易不自觉地减少累积睡眠，结果导致睡眠不足。

其实，我们需要保证的并不是上床睡觉的时间，而是起床的时间。如果工作日和休息日的起床时间保持一致，那么哪怕只是早睡几分钟，也能延长核心睡眠时间。这才是真正的补觉。

嗜睡型实验 6

× 懊悔"今天也什么都没做"
○ 远离习得性无助

当面对自己无能为力的状况时,我们就只能接受,这被称为"习得性无助"。多巴胺会让人产生"说不定能行"的期待,在它的作用下,我们一度会充满干劲儿。但是如果这种"说不定能行"的模糊预测没能顺利进行下去,或者没能达到期待的效果,多巴胺就会急剧下降,让我们丧失干劲儿。

如果总是重复这样的过程,我们就会被迫习得一种干劲儿很低的机制,变得对所有事情都抱有"反正也不行"的无力感。

习得性无助并不是从一开始就让我们充满了无助,被迫习得这种无助的原因在于我们给自己制订了一个难以预测的任务。如果任务容易预测,"说不定能行"会变成"要是这样应该能行",这时,不仅多巴胺会带给我们期待,在血清素的作用下,我们还会从实际完成的事情中得到满足。

因此,让我们试着将任务细分成小块。

通过将任务分割成小块,不断积累"要是这样应该能行"的经验。

按时间分割：不论工作的质量如何，一律只工作 5 分钟。

按内容分割：需要先阅读资料再写东西时，把阅读资料的部分挑出来单独完成。

按工作量分割：不论内容如何，规定自己只写 1000 字。

像这样，将任务难度控制在稍稍努力就能完成的程度，我们就能免于习得性无助的困扰了。

写在最后

书中这些克服拖延的小实验,不知道有没有让大家跃跃欲试呢?

相信大家应该发现了,只要稍稍调整自己的行为,我们就能从"什么都没做……"的压力中解脱出来。

本书以实用为目的,将拖延症分成了八种类型,针对每种类型提出了不同的实验方案。但并不意味这八种类型的人分别需要不同的实验。如第 23 页的关系图所示,大脑的状态会随着环境的变化而改变。对大脑兴奋度低的**类型④好逞英雄型**的人来说,针对**类型⑦求表扬型**和**类型⑧嗜睡型**提出的实验中也有一些适用的内容。通过分类,我们可以大致了解自己现在的状态,在此基础上,从自己想尝试的、觉得自己能做到的实验开始实践。

我曾在门诊和研修中，建议深受"什么都没做"的罪恶感困扰的人尝试本书给出的各种小实验。不少人在实践之后表示，调整自己行为这件事变得"有意思起来了"。

大脑面对过分简单或者过分复杂的事情都会提不起干劲儿。能让大脑拿出干劲儿的是"稍稍努力应该就能做到的事"。这个任务我能完成一半，但剩下的一半不试一试的话也说不好。这种难度的事会让我们觉得"有意思起来了"。

大脑的这种特性被称为"最近发展区"。书中的小实验有意地将过于无聊或者压力过大的日常任务重新调整到最近发展区。任何课题都是可以拆分的，所以今后大家也可以自己创造适合自己的小实验。

虽说是小实验，但也可能有人因为"我还是没做到……"而意志消沉。当你不能完成实验时，可以试着替换成其他的行为，或者调整一下顺序。

比如，假设你做不到在开始工作前运动5分钟，那么你可以改为播放5分钟运动视频，跟着做游戏。即便无法照原样完成小实验，只要实验要素满足了就可以。在自己习惯的事情中找出符合实验要求的行为，相信大家都能找到书中小实验的替代版。

也可能有人会因为"我还是没能养成习惯……"而灰心丧气，但其实，我们原本就不需要养成习惯。这些小实验的目的是替换大脑的行为路径，而不是让路径固化。

为了防止不理想的行为路径固化，所以要频繁地变更行为路径。保持频繁的变更，总有一天，这会成为一个行为模式，进而形成新的路径。这些都是大脑自动完成的，交给大脑就可以啦。

我由衷地希望本书能让苦于拖延带来的罪恶感苛责的朋友稍微轻松一点儿，希望大家都能觉得自己的人生变得"有意思起来了"。